Alpen-Edelweiß, S. 90

Silberdistel, S. 92

Kiesel-Glocken-Enzian, S. 96

Stängelloses Leimkraut, S. 98

Dach-Hauswurz, S. 100

Wildes Alpenveilchen, S. 102

Strauß-Glockenblume, S. 104

Fichtenspargel, S. 110

Zottiger Klappertopf, S. 112

Vogel-Nestwurz, S. 114

Schuppenwurz, S. 116

Weiße Seerose, S. 74

Pfeilkraut, S. 76

Nessel-Seide, S. 118

Stranddistel, S. 80

Strandflieder, S. 82

Europäischer Queller, S. 84

EWALD WEBER

Lieblings BLUMEN

40 ARTEN, DIE DICH ZUM STAUNEN BRINGEN

KOSMOS

INHALT

Liebe Leserin, lieber Leser,

Es gibt nichts Schöneres, als in der Natur auf Entdeckungstour zu gehen, zu beobachten und die Vielfalt des Lebens mit allen Sinnen zu erfassen. Unsere Wildpflanzen warten mit bunten Blüten ganz unterschiedlicher Größe, auffälligen Formen oder einer ungewöhnlichen Lebensweise auf. Es macht Freude, sich mit den Wildblumen zu beschäftigen, zu schauen, wo sie wachsen und wer die Blüten aufsucht.

Mit einer kleinen Auswahl an Pflanzenarten möchte ich dich zum Beobachten anregen und mit der reichhaltigen Flora unseres Landes vertraut machen. Natürlich ist eine Auswahl immer willkürlich. Die Pflanzen, die ich für dieses Buch ausgewählt habe, gefallen mir entweder besonders gut oder sie sind einfach spannend – sei es wegen ihren Beziehungen zu Insekten oder wegen ihres merkwürdigen Aussehens. Die hier vorgestellten Pflanzen vermitteln einen Eindruck unserer vielfältigen Flora, die insgesamt über 3000 Arten umfasst.

Wildpflanzen sind von größter Bedeutung. Sie bilden verschiedenste Lebensräume wie Moore oder Wiesen und bieten der Tierwelt Nahrung sowie Unterschlupf. Viele Pflanzenarten wurden aber in den letzten Jahrzehnten immer seltener. Heute stehen viele von ihnen auf der Roten Liste und sind vom Aussterben bedroht. Der Erhalt natürlicher Lebensräume ist daher dringender denn je. Eine reiche Flora ist schließlich Voraussetzung für eine hohe Insektenvielfalt, was wiederum für unsere Vögel und weitere Tiere wichtig ist.

Lass dich von den Pflanzen überraschen. Wer in der Natur unterwegs ist und genau hinsieht, entdeckt viel Neues. Ich hoffe, mit diesem kleinen Buch einen Beitrag zur Wertschätzung unserer Wildblumen leisten zu können.

Viel Spaß beim Lesen wünscht
Ewald Weber

BUNT UND VIELFÄLTIG

Vor rund 140 Millionen Jahren geschah etwas Einzigartiges auf der Erde: Die ersten Blütenpflanzen traten auf. Bis dahin beherrschten blütenlose Pflanzen wie Farne, Moose und Schachtelhalme sowie Nadelhölzer das Land – die ersten Landpflanzen entstanden bereits vor etwa 450 Millionen Jahren.

Nadelhölzer und Blütenpflanzen bilden Samen, im Gegensatz zu den blütenlosen Pflanzen, die sich wie Pilze durch Sporen vermehren. Daher zählen Nadelhölzer und Blütenpflanzen zu den Samenpflanzen. Bei den Blütenpflanzen sind die Samenanlagen in einem Fruchtknoten eingebettet, was bei den Nadelhölzern nicht der Fall ist. Botaniker bezeichnen die Nadelhölzer deshalb als „Nacktsamer“ und die Blütenpflanzen als „Bedecktsamer“.

Mit den Blütenpflanzen kam Farbe in die Landschaft, denn sie entwickelten eine Vielfalt an bunten Blüten. Es entstanden aber auch ganz neue Dinge wie Schlingpflanzen, Wasserpflanzen, parasitische Pflanzen oder Laubbäume. Heute kennen Biologen rund 300 000 verschiedene Arten von Samenpflanzen weltweit, von denen die Blütenpflanzen oder Bedecktsamer den größten Teil ausmachen. Sie besiedeln alle Lebensräume der Erde, von den Wüsten bis zu den Hochgebirgen, von den Tropen bis zu den Polen. Die größte Artenvielfalt hat sich in den Tropen entwickelt.

Wildpflanzen in Deutschland

In Deutschland kommen etwa 3000 wild wachsende Pflanzenarten vor.

Bergwiese mit zahlreichen Wildblumen

„Wild wachsend" – damit sind die natürlicherweise vorhandenen Arten gemeint, die in der freien Natur angetroffen werden und schon seit langer Zeit existieren. Die vielen fremdländischen Arten, die in Gärten und Parks kultiviert werden, gehören nicht dazu, ebensowenig forstlich gepflanzte Baumarten aus anderen Ländern. Einige der fremdländischen Arten konnten allerdings verwildern und sich selbstständig ausbreiten. Auf diese Weise wurden sie zu einem Bestandteil der Flora und werden als Neophyten oder Neubürger bezeichnet. In Deutschland handelt es sich dabei um etwa 300 Arten.

Ungleiche Verteilung

Jeder Lebensraum beherbergt seine eigenen Pflanzen: An der Küste wachsen ganz andere Arten als im Hochgebirge oder in einem Hochmoor.

Jede Pflanze ist auf die Bedingungen eines bestimmten Lebensraumes eingestellt. So sind Küstenpflanzen salztolerant, Hochgebirgspflanzen sind dagegen kälteresistent.

Die wild wachsenden Pflanzenarten verteilen sich daher ganz unterschiedlich in einem Gebiet. Arten wie der Löwenzahn sind überaus häufig, weil sein Lebensraum – Wiesen und Weiden – überall vorhanden ist. Eine Pflanze wie der Sonnentau hingegen ist sehr selten, weil er in Hochmooren wächst, und dieser Lebensraum ist auf einige wenige Gebiete beschränkt.

Wild wachsend, aber nicht einheimisch: die Kanadische Goldrute

Ein Farn bildet keine Blüten. Er vermehrt sich durch staubfeine Sporen.

GEBEN UND NEHMEN

Bei den Blütenpflanzen haben sich innige Beziehungen zur Tierwelt entwickelt, die bei den Farngewächsen, Moosen und den anderen früheren Pflanzengruppen fehlen. Diese Beziehungen gehen manchmal so weit, dass Abhängigkeiten entstanden sind. So sind viele Insektenarten auf bestimmte Wildpflanzen als Nahrung angewiesen, sie sind spezialisiert.

Mit dem Aufkommen der Blütenpflanzen entwickelte sich auch die Vielfalt der Tierwelt. Die Evolution der Vögel begann vor etwa 150 Millionen Jahren und steht in engem Zusammenhang mit der Evolution der Blütenpflanzen. Auch die enorme Vielfalt der Insektenarten ist durch das Zusammenspiel mit Pflanzen entstanden.

Die bekannteste Beziehung zwischen Pflanzen und Tieren ist die Bestäubung, bei der Tiere den Blütenstaub von einer Blüte zur anderen bringen. Sind es bei uns ausschließlich Insekten, übernehmen auf anderen Kontinenten auch Vögel, Fledermäuse und Nagetiere diesen Dienst. Die Pflanzen locken mit Farbe, Duft und Nektar die Bestäuber an. Die Gestalt der Blüte bestimmt, wer bestäuben kann. Lange und enge Blüten sind etwa nur für Schmetterlinge mit einem langen Rüssel geeignet. Manche Pflanzen bilden gar keinen Nektar und die

Die Raupen vieler Schmetterlinge bevorzugen bestimmte Pflanzen.

Die meisten Insekten nutzen Pflanzen stets als Nahrungsquelle.

Insekten sammeln lediglich Pollen. Es gibt auch Pflanzen, die keine auffallenden Blüten bilden und vom Wind bestäubt werden, wie etwa die Gräser.

Samenausbreitung

Viele Pflanzen bilden kleine und fleischige Früchte von roter oder blauer Farbe. Sie werden gern von Vögeln oder Säugetieren verzehrt, da das Fruchtfleisch nahrhaft ist. Die Samen mit ihren harten Schalen gelangen unbeschadet durch den Darm und werden ausgeschieden. Durch ihre Mobilität verstreuen die Tiere die Samen weitherum. Diesem Mechanismus verdanken wir alle unsere Obstsorten, die ihren Ursprung in Früchten für Tiere haben.

Pflanzen und Pflanzenfresser

Pflanzenfressende Tiere umfassen nicht nur Rehe oder Hasen, sondern auch sehr viele Insektenarten wie Blattläuse, Rüsselkäfer oder die Raupen vieler Schmetterlinge.

Pflanzen haben Abwehrmechanismen gegenüber den unliebsamen Fressern entwickelt. Dazu zählen Behaarung, Dornen oder giftige Inhaltsstoffe, die als natürliches Insektizid wirken.

Viele Insektenarten haben sich wiederum daran angepasst und sich auf bestimmte Pflanzenarten spezialisiert. Ihnen kann das Gift nichts mehr anhaben. So brauchen die Raupen vieler Schmetterlinge ganz bestimmte Pflanzenarten als Nahrungsgrundlage.

DRINGEND SCHUTZBEDÜRFTIG

Viele Pflanzenarten sind in den letzten Jahrzehnten immer seltener geworden, sodass einige sogar vom Aussterben bedroht sind. Die Roten Listen geben genaue Auskunft über den Zustand der heimischen Arten: Bei den Pflanzen gelten rund 750 Arten als stark gefährdet. 85 Arten sind in historischer Zeit in Deutschland ausgestorben.

Rotes Moor in der Hessischen Rhön: ein wertvoller und empfindlicher Lebensraum

Fortschreitende Zerstörung natürlicher Lebensräume

Der wichtigste Grund für den Rückgang der Artenvielfalt bei Pflanzen wie bei Insekten und Vögeln ist die fortschreitende Zerstörung natürlicher Lebensräume. Diese Zerstörung hat schon vor Jahrzehnten begonnen. Hochmoore und Feuchtgebiete wurden entwässert, Flüsse begradigt und die Landwirtschaft intensiviert. Aufforstungen ersetzten viele ursprüngliche Wälder. Das alles führte zu einer Verarmung von Flora und Fauna.

Gefährdung und Schutz

Um dem Schwinden von Wildpflanzen Einhalt zu gebieten, ist Arten- und Lebensraumschutz dringend notwendig, aber auch die Wiederansiedlung selten gewordener Pflanzen. Dies kann im Garten, in öffentlichen Grünanlagen oder auf Blühstreifen entlang von Äckern geschehen.

Auch das Renaturieren stark beeinträchtigter Lebensräume hilft den Wildpflanzen und den mit ihnen assoziierten Tierarten. Ein reiches Angebot an verschiedenen Blumen ist für eine hohe Insektenvielfalt wichtig, und diese wiederum unterstützt Vogelpopulationen. Insekten sind wichtige Bestäuber im Obstbau – nicht nur die Honigbiene, sondern auch Wildbienen und viele andere mehr. Vögel wiederum wirken als natürliche Schädlingsbekämpfer.

Die Schachblume ist eine seltene und gefährdete Art.

WILDPFLANZEN BESTIMMEN

Bei der Kornblume sind viele Einzelblüten in einem Körbchen vereint.

Das Identifizieren einer Pflanze ist nicht immer einfach und benötigt oft ein genaues Bestimmungsbuch. Dabei sind alle Merkmale wichtig, von der Wuchshöhe bis zur Blattform und der Gestalt der Blüten und Früchte. Blütenmerkmale sind besonders wichtig, da sie konstant sind im Gegensatz zur Größe eines Blattes oder zur Wuchshöhe der Pflanze. Diese hängen davon ab, ob die Pflanze gut oder schlecht wächst, je nach Bodenverhältnissen.

Für das Bestimmen braucht es daher gut gewachsene Exemplare, und man muss sich mehrere Pflanzen ansehen. Auch der Lebensraum kann hilfreich sein, denn eine Sumpfpflanze wird kaum in einem Alpenrasen wachsen. Weitere Hinweise sind die Blütezeit und die geografische Verbreitung.

Eindeutig und leicht erkennbar

Nur ein wissenschaftliches Bestimmungsbuch enthält alle wild wachsenden Pflanzenarten. Ein solches Buch arbeitet mit einem Bestimmungsschlüssel, mit dem man Schritt für Schritt die Art bestimmen kann. Meist genügt aber ein guter Naturführer mit Abbildungen, um die häufigsten Pflanzen bestimmen zu können. Alle Pflanzen im vorliegenden Buch können eindeutig und leicht erkannt werden.

Im Uhrzeigersinn von oben links: Gänseblümchen, Flammen-Adonisröschen, Wiesen-Salbei, Scharfer Hahnenfuß

DIE PFLANZENPORTRÄTS

Alle in diesem Buch vorgestellten Pflanzen gehören zu den krautigen Blütenpflanzen. Gehölze wie Sträucher und Bäume sind nicht enthalten.

Ich habe Pflanzenarten ausgewählt, denen man entweder häufig begegnet und die leicht zu erkennen sind oder die besonders auffallen. Die Auswahl soll die ganze Vielfalt der heimischen Wildblumen veranschaulichen. Ich habe die Arten verschiedenen Gruppen zugeordnet – entsprechend ihrer Gestalt, ihrer Lebensweise oder ihrer Lebensräume.

Die einzelnen Pflanzenporträts in diesem Buch folgen einem einheitlichen Aufbau. Oben sind der deutsche und der wissenschaftliche Name ange-

Deutscher und wissenschaftlicher Artname

GEWÖHNLICHER NATTERNKOPF

Pracht in blauem Gewand

Echium vulgare
Borretschgewächse *(Boraginaceae)*

Haarige Angelegenheit
Streiche über den Stängel oder die Blätter eines Natternkopfes. Die Haare stechen nicht und sind vollkommen harmlos.

Textteil mit viel Wissenswertem

Blüht der Natternkopf, stehen Dutzende blauer Blüten mit violetten Staubblättern in einem aufrechten Blütenstand, was ihn zu einer auffallenden Erscheinung macht. An Wegrändern, auf Ödland und an Ackerrändern wächst die Pflanze häufig und wird von Schmetterlingen, Hummeln und Bienen besucht. Der Name Natternkopf bezieht sich auf die gespaltene Narbe in Anlehnung an eine Schlangenzunge. Die ganze Pflanze ist mit Borstenhaaren übersät, ein Markenzeichen der Borretschgewächse. Die Gattung *Echium* ist auf den Kanarischen Inseln mit Dutzenden von Arten vertreten.

Die Blüten locken viele Insekten an.

46

Wichtige Fakten zu Größe, Aussehen, Blütezeit und Lebensräumen, kurz und knapp zusammengefasst

WUCHSFORM Zweijährige oder Mehrjährige • **HÖHE** 25–80 cm • **BLÜTEZEIT** Mai–Oktober • **BLÜTEN** rachenförmig, anfangs rosa, später blau, 1,5–2 cm lang, in kegeligen Blütenständen • **BLÄTTER** schmal, lanzettlich, bis zu 10 cm lang • **VORKOMMEN** Trockenrasen, Wegränder, Felsfluren, Umschlagplätze geben sowie eine Kurzaussage zur jeweiligen Art und die Familienzugehörigkeit. Der Textteil enthält Wissenswertes zum Vorkommen, zur Lebensweise und andere interessante Einzelheiten zur jeweiligen Pflanzenart. Die Fotos stellen die Pflanze im Bild vor. In den Kreisen sind Anregungen, Beobachtungen oder weitere besondere Einzelheiten aufgeführt. Die Fußzeile liefert die Fakten zu Größe, Aussehen, Blütezeit und Lebensräumen.

Alle diese Angaben helfen beim Erkennen einer Pflanzenart, besonders wichtig sind die Blütenmerkmale. Für kleine Blüten oder um feine Details zu erkennen ist eine Lupe mit zehnfacher Vergrößerung sehr hilfreich.

Die Fotos porträtieren die Pflanze im Detail wie im Ganzen.

Anregungen, Beobachtungen oder weitere Einzelheiten

SELTSAME BLÜTEN

Viele Pflanzen haben eigenartig gestaltete Blüten. Man fragt sich, wie sie funktionieren und warum sie so ungewöhnlich aussehen. Meist hat das mit der Bestäubung zu tun. Alle Pflanzen, die in diesem Kapitel vorgestellt werden, sind „spezialisiert". Das heißt, ihre Blüten richten sich an ganz bestimmte Gruppen von Insekten.

EUROPÄISCHE HASELWURZ

Ein falscher Pilz

Asarum europaeum
Osterluzeigewächse *(Aristolochiaceae)*

Die Blüten der Haselwurz verstecken sich im Laub auf dem Waldboden – man muss sie förmlich suchen. Sie liegen direkt auf dem Boden, was ungewöhnlich ist. An wen richten sie sich wohl? Bestäuber sind Pilzmücken, die sich von Pilzen ernähren. Sie werden von der Haselwurz getäuscht, denn die Blüten riechen verlockend nach Pilz, aber es gibt nichts abzubeißen. Durch die Bewegungen der Pilzmücken in der Blüte werden sie mit Pollen bedeckt und sorgen so beim Besuch weiterer Blüten für die Bestäubung. Manchmal legen die Pilzmücken auf dem vermeintlichen Pilz auch Eier ab.

Gepfeffert
Früher dienten die scharf und pfefferartig schmeckenden Blätter als Pfeffersatz. Den Blütenduft empfinden wir ebenfalls als pfefferartig.

Die Blüten sind kaum sichtbar.

nierenförmige Blätter

braunrote Blüten

WUCHSFORM Staude, niederliegend • **HÖHE** 5–10 cm • **BLÜTEZEIT** März–Mai • **BLÜTEN** braunrot, mit 3 Zipfeln, 10–15 mm lang • **BLÄTTER** rundlich nierenförmig, dunkelgrün, 3–10 cm breit • **VORKOMMEN** feuchte Laub- und Mischwälder, Auwälder, Gebüsche

Auffallend sind die **DREI ZIPFEL** der Blüten sowie die starke Behaarung der Blüten und Blattstiele.

Der Aronstab ist in frischem Zustand **STARK GIFTIG**. Früher sprach man den Knollen der Pflanze eine potenzsteigernde Wirkung zu.

GEFLECKTER ARONSTAB

Die Pflanze mit dem Kessel

Arum maculatum
Aronstabgewächse *(Araceae)*

Die hellgrüne Hülle eines blühenden Aronstabs umgibt den eigentlichen Blütenstand. Die winzigen Blüten befinden sich im kesselartigen unteren Ende der Hülle. Das ganze Gebilde ist eine Kesselfalle, die wegen des harnartigen Geruchs Weibchen einer Schmetterlingsmückenart anlockt. Die kleinen Insekten gelangen ins Innere des Kessels, wo sie für einen Tag gefangen gehalten werden. In dieser Zeit platzen die Staubbeutel auf, und die Insekten werden mit Pollen bepudert. Die Hüllenwand wird nun rau, sodass die Insekten entweichen und den Blütenstaub zu einem weiteren Aronstab bringen können.

Duftfalle

Der braunviolette Kolben des Aronstabs heizt sich auf, um die Duftstoffe zu verbreiten – wie bei einer Duftlampe. Die Bestäuber finden das unwiderstehlich.

Blätter groß und pfeilförmig

weit herausragender Kolben

WUCHSFORM Staude • **HÖHE** 15–40 cm • **BLÜTEZEIT** April–Mai • **BLÜTENSTAND** kolbenförmig, oben braun bis violett, unten mit männlichen und weiblichen Blüten, Hochblatthülle hellgrün, 10–25 cm lang • **BLÄTTER** pfeilförmig, 10–20 cm lang • **VORKOMMEN** Laubmischwälder, Gebüsche, Hecken, Parks

FRAUENSCHUH

Täuschend schön

Cypripedium calceolus
Orchideengewächse *(Orchidaceae)*

Diese stattliche Orchidee trägt bauchige Blüten, die nach oben offen sind. Besucher sind oft kleine Wildbienen, die in den Bauch gelangen und wegen der glatten Wände nicht herauskrabbeln können. Der einzige Weg nach außen führt am Ansatzpunkt des gelben „Schuhs" vorbei, wo sich auch die Pollenpakete und die Narbe des Fruchtknotens befinden. Beides wird von den Blütenbesuchern berührt – so erfolgt die Bestäubung. Der Frauenschuh ist eine Kesselfallenblume und auch eine Insektentäuschblume, weil es keinen Nektar als Belohnung gibt.

Auf der Lauer

Blicke in eine Blüte hinein: Wer hält sich darin auf? Manchmal verstecken sich gelbgrüne Krabbenspinnen im Bauch und lauern auf Beute.

vier lange Zipfel umgeben den „Schuh"

Blätter mit parallelen Blattnerven

WUCHSFORM Staude • **HÖHE** 15–50 cm • **BLÜTEZEIT** Mai–Juni • **BLÜTEN** äußere Kronblätter rotbraun, lanzettlich, bis zu 8 cm lang, Lippe pantoffelförmig, gelb mit dunklen Flecken, 3–4 cm lang • **BLÄTTER** eiförmig bis länglich, 6–12 cm lang • **VORKOMMEN** Laub- und Nadelmischwälder, Gebüsche

Der Wurzelstock
oder das **RHIZOM** ist
als Speicherorgan verdickt.
Die langlebige Staude
braucht bis zu 16 Jahre,
um das erste Mal
zu blühen.

In Mitteleuropa ist die Gewöhnliche Osterluzei die einzige Nahrungspflanze für die Raupen des **OSTERLUZEI-FALTERS**.

GEWÖHNLICHE OSTERLUZEI

Blüten wie Reusen

Aristolochia clematitis
Osterluzeigewächse *(Aristolochiaceae)*

Die Blüten der einzigen Osterluzeiart bei uns sind Kesselfallen und verströmen einen widerlichen Geruch. Winzige Mücken fühlen sich angezogen und gleiten in den Kessel; ein Entkommen wird durch nach unten gerichtete Härchen in der Blütenröhre verhindert. Im Kessel der Blüte befinden sich die Staubblätter und die Narbe, die Insekten werden mit Blütenstaub bedeckt und kommen nach etwa zwei Tagen frei. Dann welken die Reusenhaare, die Mücken krabbeln heraus und bringen den Pollen zu einer anderen Blüte. Während ihres unfreiwilligen Aufenthalts im Kessel werden sie mit Nektar verköstigt.

Heilpflanze
Die Pflanze stammt aus dem Mittelmeergebiet, wurde aber schon früh als Heilpflanze angebaut und kommt stellenweise als Kulturrelikt vor.

Die Früchte hängen nach unten.

WUCHSFORM Staude • **HÖHE** 30–70 cm • **BLÜTEZEIT** Mai–Juni • **BLÜTEN** blassgelb, mit gebogener, am Grund bauchiger Röhre, 3–6 cm lang • **BLÄTTER** eiförmig bis herzförmig, 6–10 cm lang, lang gestielt • **VORKOMMEN** Weinberge, Mauern, Gebüsche, Waldsäume

TÜRKENBUND-LILIE

Nichts für Bienen

Lilium martagon
Liliengewächse *(Liliaceae)*

Liliengemüse

Türkenbund-Lilien sind Zwiebelpflanzen, die 50 Jahre lang leben können. Die gekochten Zwiebeln werden in Sibirien als Gemüse gegessen.

Die Blütenblätter dieser Lilie sind stark zurückgekrümmt und durch einen öligen Überzug so glatt, dass sich kaum ein Insekt festhalten kann. Die Blüten hängen zudem nach unten, was den Zugang zum Nektar erschwert, der in der Mitte der Blüte ausgeschieden wird. Es sind typische Schmetterlingsblüten: Schwärmer wie der Ligusterschwärmer und das Taubenschwänzchen stehen im Schwirrflug vor der Blüte und holen sich mit ihrem langen Saugrüssel den Nektar. Die großen Staubbeutel sind ihnen dabei gleichsam im Weg, und der Kopf wird eingepudert. Bei der nächsten Blüte gelangt Pollen auf die Narbe.

Die Fruchtkapseln stehen aufrecht.

große Staubbeutel

Stängel grün oder mit Flecken

WUCHSFORM Staude • **HÖHE** 40–100 cm • **BLÜTEZEIT** Juni–Juli • **BLÜTEN** fleischrot, mit 6 Blütenblättern, diese zurückgerollt, 3–6 cm lang • **BLÄTTER** länglich, mit Spitze, 8–15 cm lang • **VORKOMMEN** feuchte Laubmisch- und Nadelwälder, Hochstaudenfluren

Die Türkenbund-Lilie ist eine typische **NACHTSCHWÄRMERBLUME** und duftet deshalb besonders nachts intensiv.

GEWÖHNLICHES LEINKRAUT

Verschlossen und betrogen

Linaria vulgaris
Wegerichgewächse *(Plantaginaceae)*

> **Räubern auf der Spur**
> Untersuche die Blüten in einem Bestand des Gewöhnlichen Leinkrauts! Wie viele haben Löcher? Gibt es Erdhummeln?

Die Blüten stehen schräg am Stängel.

An Äckern, Brachstellen, Wegrändern und Ödland wächst diese schöne Pflanze besonders gern. Die hellgelben Blüten mit den orangefarbenen Lippen erinnern an das Löwenmäulchen. Die Blüte ist wie verschlossen und nur starke Insekten können sich in die Blüte hineinzwängen oder Schmetterlinge führen den Saugrüssel ein. Der Nektar befindet sich am Ende des langen Blütensporns. Erdhummeln betreiben Nektarraub, indem sie hinten an der Blüte ein Loch in die Nektartüte beißen und ihren Saugrüssel hineinstecken. Die Löcher werden auch von Kleinschmetterlingen genutzt.

WUCHSFORM Staude • **HÖHE** 20–75 cm • **BLÜTEZEIT** Juni–Oktober • **BLÜTEN** schwefelgelb, mit orangefarbenem Schlund, 15–30 mm lang • **BLÄTTER** linealisch bis lanzettlich, 3–8 cm lang • **VORKOMMEN** Wegränder, Äcker, Waldschläge, Umschlagplätze

Wie beim Löwenmäulchen lassen sich auch die **BLÜTEN** des Gewöhnlichen Leinkrauts durch vorsichtiges seitliches Zusammendrücken öffnen.

In **NORDAMERIKA** wachsen mehr als 20 verschiedene Akeleiarten. Einige davon werden von Kolibris bestäubt.

GEWÖHNLICHE AKELEI

Komplexe Blüten

Aquilegia vulgaris
Hahnenfußgewächse *(Ranunculaceae)*

Die Blüten einer Akelei erscheinen komplex gebaut und sind gerade deswegen so spannend. Jedes der fünf Kronblätter ist mit einem nach hinten gerichteten Fortsatz versehen, der den Nektar enthält und 15 bis 20 Millimeter lang ist. Der Nektar ist ausschließlich Insekten mit einem ausreichend langen Saugrüssel zugänglich. Manche Bienen beißen aber den Blütensporn seitlich auf und begehen Nektarraub. Die Gewöhnliche Akelei ist auch eine beliebte Zierpflanze, von der viele Sorten in unterschiedlichen Farben erhältlich sind.

Aufgeplatzt
Die Früchte trocknen während des Reifens aus und platzen schließlich auf. Dabei schleudern sie die Samen fort.

Die Blätter sind zusammengesetzt.

Blüten hängend

Blätter in einer Rosette

WUCHSFORM Staude • **HÖHE** 40–80 cm • **BLÜTEZEIT** Mai–Juni • **BLÜTEN** blauviolett, 3–5 cm lang, mit langen Blütenspornen • **BLÄTTER** untere Blätter lang gestielt, dreiteilig, Teilblätter mit 3 Lappen • **VORKOMMEN** lichte Laubmischwälder, Hecken, Wiesen, Halbtrockenrasen

FLIEGEN-RAGWURZ

Das Spiel mit dem Sex

Ophrys insectifera
Orchideengewächse *(Orchidaceae)*

Gut bestäubt
Die Gattung Ragwurz oder *Ophrys* ist vor allem im Mittelmeerraum mit Dutzenden von Arten vertreten. Jede Art hat ihre eigenen Bestäuber.

Die Blüten der Fliegen-Ragwurz ahmen die Gestalt einer Grabwespe nach. Zudem verströmen sie einen verführerischen Duft, der in der chemischen Zusammensetzung fast mit dem Sexuallockstoff weiblicher Grabwespen identisch ist. Das veranlasst die Männchen, die Blüten aufzusuchen und die vermeintlichen Partnerinnen zu begatten. Dabei kommen sie mit dem Pollenpaket in Berührung, das am Körper kleben bleibt. Bei der nächsten Blüte gelangt dieser Pollen an die Narbe des Fruchtknotens, und die Blüte wird bestäubt. Biologen sprechen in diesem Zusammenhang von Sexualtäuschblumen.

Die Fliegen-Ragwurz ist selten und gefährdet.

blau schimmernder Fleck auf den Blüten

nur wenige Blüten

WUCHSFORM Staude • **HÖHE** 20–40 cm • **BLÜTEZEIT** Mai–Juni • **BLÜTEN** ca. 2 cm lang, äußere Blütenblätter grünlich, 5–8 mm lang; Lippe purpurbraun, dreilappig, samtig behaart • **BLÄTTER** lanzettlich, die unteren länger als die oberen • **VORKOMMEN** Halbtrockenrasen, Eichen-Kiefern-Trockenwälder

Das visuelle Nachahmen eines Insektenkörpers durch die Blüte ist eine Form der **MIMIKRY**.

PRACHTEXEMPLARE

Die Blüten der Wildpflanzen weisen in Größe, Gestalt und Farbe eine enorme Vielfalt auf. Die großen Blüten sind am auffälligsten, wenn wir im Wald und zwischen Wiesen unterwegs sind. Die hier vorgestellten Arten gehören zu den Prunkstücken der süd- und mitteleuropäischen Flora. Einige sind selten anzutreffen und stehen auf der Roten Liste.

Gewöhnliche Schachblume
(Fritillaria meleagris)

In Flachmooren und nassen Wiesen wächst mancherorts diese seltene Zwiebelpflanze. Die purpurbraunen Blüten sind schachbrettartig gemustert und hängen etwas nach unten. Das Verbreitungsgebiet umfasst Westeuropa und Teile Mittel- und Südeuropas. Bei uns gehen die Bestände zurück, die Art gilt als gefährdet.

1

2

Feuer-Lilie
(Lilium bulbiferum)

Die großen orangeroten Trichterblüten erscheinen im Frühsommer und sind nicht zu übersehen. Tagaktive Schmetterlinge und Schwebfliegen suchen die Blüten gern auf. Die Pflanze vermehrt sich auch ungeschlechtlich durch Brutzwiebeln, die in den Blattachseln entstehen und sich lösen. Sie wachsen dann zu neuen Pflanzen heran.

Gewöhnliche Zaunwinde
(Calystegia sepium)

Die sehr häufige Schlingpflanze wächst an Ufern, im Schilfröhricht und feuchtem Gebüsch. Die weißen Trichterblüten werden bis zu 5 cm breit und von Schmetterlingen besucht. Für die Raupen des Windenschwärmers ist die Gewöhnliche Zaunwinde eine Nahrungspflanze. Die Samen werden durch Wasser fortgetragen und können bis zu 33 Monate auf dem Wasser schwimmen.

3

4

Echte Pfingstrose *(Paeonia officinalis)*

Das natürliche Verbreitungsgebiet dieser Staude sind die Gebirge Südeuropas und die Alpensüdseite, wo sie an steinigen und trockenen Hängen wächst. Die rotvioletten Blüten erreichen über 10 cm Durchmesser. In Mitteleuropa ist die Pfingstrose eine beliebte, in zahlreichen Sorten erhältliche Zierpflanze.

Sumpf-Schwertlilie *(Iris pseudacorus)*

Auf nassen Böden, im Uferröhricht und an sumpfigen Stellen wächst die meterhohe Pflanze mit den langen Blättern. Ihre gelben Blüten setzen sich aus drei Teilen zusammen und fallen schon von Weitem auf. Der Nektar ist in der Tiefe verborgen und nur Bestäubern mit langen Saugrüsseln zugänglich.

5

6

Gewöhnliche Kuhschelle *(Pulsatilla vulgaris)*

Die blauvioletten Blütenblätter sind außen zottig behaart, so wie die Stängel und Blätter auch. In der Mitte der Blüte stehen Dutzende gelber Staubblätter. Die Lebensräume der wärmeliebenden Pflanze sind Magerrasen und lichte Kiefernwälder. Die Gewöhnliche Kuhschelle ist ein Frühblüher und öffnet ihre Blüten bereits im März.

Frühlings-Adonisröschen *(Adonis vernalis)*

Das seltene Gewächs wartet mit großen gelben Blüten auf, die in der Sonne stark glänzen und von fein zerteilten Blättern umgeben sind. Die Blüten öffnen sich nur bei Sonne. Die Pflanze wächst in Halbtrockenrasen und Kiefernwäldern, in Ostdeutschland ist sie häufiger als in Westdeutschland.

7

ALLERWELTS-PFLANZEN

Die hier vorgestellten Wildpflanzenarten sind überaus häufig und begegnen uns oft im Alltag. Es sind ganz unterschiedliche, die vielleicht nicht so spektakulär wie die vorherigen Arten erscheinen, für die Natur aber eine genauso wichtige Rolle spielen. Ihre Häufigkeit trägt beispielsweise zur Insektenfülle bei.

Die getrockneten Blüten sind wegen des **FARBSTOFFS** manchmal auch ein Bestandteil von Teemischungen.

KORNBLUME

Vertrauter Ackerbegleiter

Cyanus segetum
Korbblütengewächse *(Asteraceae)*

> **Reine Schau**
> Die randständigen, tiefblauen Blüten eines Körbchens sind steril und nur Schaublüten zum Anlocken von Insekten.

Die Kornblume ist eine Ackerbegleitpflanze, die bei uns fast ausschließlich in Getreidefeldern anzutreffen ist und früher viel häufiger war. Ihre ursprüngliche Heimat sind die Gebirge Südeuropas, doch folgte die Kornblume als Kulturbegleiter dem Ackerbau seit der jüngeren Steinzeit. Wegen der Intensivierung der Landwirtschaft seit den 1950er-Jahren wurden sie immer seltener. Heute erlebt die Blume eine Renaissance auf Blühstreifen und ist auch in Feldern manchmal wieder reichlich vorhanden. Kornblumen sind für Tagfalter, Schwebfliegen und Bienen eine wichtige Pollen- und Nektarquelle.

Kornblumen zwischen Getreide

WUCHSFORM Einjährige • **HÖHE** 30–80 cm • **BLÜTEZEIT** Juni–Oktober • **BLÜTEN** Blütenkörbchen 2,5–3,5 cm breit, mit blauen Blüten • **BLÄTTER** unterseits wollig behaart, obere Blätter lang und schmal, untere Blätter oft geteilt • **VORKOMMEN** Getreidefelder, Ackerbrachen, Wegränder

WIESEN-MARGERITE

Die strahlend Weiße

Leucanthemum vulgare
Korbblütengewächse *(Asteraceae)*

Kultiviert
In Gärten wird meist die Großblumige Margerite *(Leucanthemum maximum)* kultiviert; sie ist in allen Teilen größer als die Wiesen-Margerite.

Es gibt viele Arten der Korbblütengewächse mit weiß-gelben Blütenköpfchen, die bei der Wiesen-Margerite besonders groß sind. Etwa 25 weiße Zungenblüten umgeben 300 bis 400 goldgelbe Röhrenblüten in der Mitte des Blütenköpfchens. Sie ziehen verschiedene Wildbienen, Fliegen, Käfer, Wespen und Schmetterlinge an. Wie das Gänseblümchen *(Bellis perennis)* war die Wiesen-Margerite früher eine „Orakelpflanze" für Kinder: Durch Abzupfen der weißen Zungenblüten lässt sich die Wahrheit erfahren („Er liebt mich – er liebt mich nicht").

Die Blätter stehen in einer Rosette.

WUCHSFORM Staude • **HÖHE** 20–80 cm • **BLÜTEZEIT** Juni • **BLÜTEN** Blütenkörbchen 2–7 cm breit, randständige Zungen weiß, innere Blüten gelb • **BLÄTTER** obere sitzend, mit Zähnen am Blattgrund, untere lang gestielt • **VORKOMMEN** Wiesen, Weiden, Halbtrockenrasen

Früher verwendete man die Wiesen-Margerite gern auch als **HEILPFLANZE**, etwa gegen Erkältungen.

Während die **BLÜTENKNOSPEN** der Pfirsischblättrigen Glockenblume aufrecht am Stiel stehen, hängen die Glocken nach unten.

PFIRSICHBLÄTTRIGE GLOCKENBLUME

Hellblaue Glocken

Campanula persicifolia
Glockenblumengewächse *(Campanulaceae)*

Lackmustest
Lege ein zerzupftes Blütenblatt in Essig. Die Stücke verfärben sich am Rand rosarot, weil der Farbstoff mit der Säure reagiert.

Glockenblumen erkennt man leicht an den glockenförmigen, meist blauen Blüten. Es gibt in Deutschland rund 20 Arten von Glockenblumen, von denen die Pfirsichblättrige Glockenblume besonders große Blüten hat. Hummeln suchen sie gern auf und nutzen sie auch als Versteck bei Regen. Die Fruchtkapseln stehen aufrecht am Stängel und sind oben mit Poren versehen. Wie beim Klatsch-Mohn werden die kleinen und leichten Samen verstreut, wenn Tiere oder Wind die Stängel bewegen.

Oben: In der Mitte befinden sich fünf Narben.

Links: Diese Glockenblume ist eine beliebte Zierpflanze und in verschiedenen Sorten erhältlich, auch mit weißen Blüten.

WUCHSFORM Staude • **HÖHE** 30–80 cm • **BLÜTEZEIT** Juni–Juli • **BLÜTEN** hellblau, 2,5–4 cm lang und breit • **BLÄTTER** grundständige Blätter schmal-oval, Stängelblätter lineal-lanzettlich • **VORKOMMEN** Laub- und Nadelmischwälder, Gebüsche, Hecken

GEWÖHNLICHER NATTERNKOPF

Pracht in blauem Gewand

Echium vulgare
Borretschgewächse *(Boraginaceae)*

Blüht der Natternkopf, stehen Dutzende blauer Blüten mit violetten Staubblättern in einem aufrechten Blütenstand, was ihn zu einer auffallenden Erscheinung macht. An Wegrändern, auf Ödland und an Ackerrändern wächst die Pflanze häufig und wird von Schmetterlingen, Hummeln und Bienen besucht. Der Name Natternkopf bezieht sich auf die gespaltene Narbe in Anlehnung an eine Schlangenzunge. Die ganze Pflanze ist mit Borstenhaaren übersät, ein Markenzeichen der Borretschgewächse. Die Gattung *Echium* ist auf den Kanarischen Inseln mit Dutzenden von Arten vertreten.

Haarige Angelegenheit
Streiche über den Stängel oder die Blätter eines Natternkopfes. Die Haare stechen nicht und sind vollkommen harmlos.

Die Blüten locken viele Insekten an.

WUCHSFORM Zweijährige oder Mehrjährige • **HÖHE** 25–80 cm • **BLÜTEZEIT** Mai–Oktober • **BLÜTEN** rachenförmig, anfangs rosa, später blau, 1,5–2 cm lang, in kegeligen Blütenständen • **BLÄTTER** schmal, lanzettlich, bis zu 10 cm lang • **VORKOMMEN** Trockenrasen, Wegränder, Felsfluren, Umschlagplätze

Zahlreiche **BLÜTENKNOSPEN** stehen eng beisammen. Sie öffnen sich eine nach der anderen von innen nach außen.

Die Blüten bilden **KEINEN NEKTAR**. Verschiedene Insekten sammeln aber den Pollen und sorgen so für die Bestäubung.

GROSSBLÜTIGE KÖNIGSKERZE

Riesige Blütenkerzen

Verbascum densiflorum
Braunwurzgewächse *(Scrophulariaceae)*

Die hellen, filzigen Pflanzen mit den vielen gelben Blüten gehören zu den eindrücklichsten Wildblumen, schon allein wegen ihrer Größe. Die Hauptachse geht nahtlos in den Blütenstand über und trägt Dutzende großer Blüten. Die Pflanze ist an Trockenheit angepasst. Zum einen schützt der Haarfilz vor zu starker Sonneneinstrahlung und vermindert die Wasserverdunstung. Zum andern wirken die Blätter als Regensammler und leiten das Wasser zum Stängel und zum Boden. Die winzigen Samen werden zu Tausenden gebildet. Umherstreifende Tiere und der Wind breiten sie aus.

Gut gegen Husten
In der Volksmedizin werden die Blüten der Großblütigen Königskerze als Husten- und Rheumamittel gebraucht.

Die Blätter sind unterseits weißfilzig behaart.

WUCHSFORM Zweijährige oder Staude • **HÖHE** 50–250 cm, Pflanze filzig behaart • **BLÜTEZEIT** Juli–September • **BLÜTEN** gelb, 3–5 cm breit, in langem Blütenstand • **BLÄTTER** eiförmig bis elliptisch, am Stängel herablaufend, Rand gekerbt • **VORKOMMEN** Wegränder, Ufer, Waldschläge, Ödland

KLATSCH-MOHN

Millionen Pollen

Papaver rhoeas
Mohngewächse *(Papaveraceae)*

Rote Ausnahme
Die Pflanze enthält einen weißen, giftigen Milchsaft. Morphin wie beim Schlaf-Mohn fehlt aber weitgehend.

Ein Getreidefeld mit blühendem Mohn bietet einen spektakulären Anblick, vor allem wegen der ungewöhnlichen Blütenfarbe. Ursprünglich stammt der Klatsch-Mohn aus dem Mittelmeergebiet, er kam aber schon früh als Kulturbegleiter nach Mitteleuropa. Die Blüten bilden keinen Nektar und duften auch nicht, sie werden lediglich zum Sammeln des Pollens besucht. Dieser steht reichlich zur Verfügung – eine einzelne Blüte bildet etwa 2,5 Millionen Pollenkörner. Die Fruchtkapseln wirken als Streubüchsen, aus denen bei Wind die kleinen Samen herausrieseln.

Eine unreife Fruchtkapsel

vier hauchdünne Kronblätter

Stängel zottig behaart

WUCHSFORM Einjährige • **HÖHE** 30–90 cm • **BLÜTEZEIT** April–Juli • **BLÜTEN** rot, 4 Kronblätter, 5–8 cm breit, zahlreiche Staubblätter • **BLÄTTER** im Umriss länglich-lanzettlich, tief eingeschnitten • **VORKOMMEN** Äcker, Wegränder, Böschungen, Umschlagplätze

ROTE
Wildblumen wie der Klatschmohn sind bei uns selten, weil viele Insekten die Farbe Rot gar nicht sehen können.

In der Mitte der Blüten des Busch-Windröschens befinden sich zahlreiche **FRUCHTKNOTEN**, die von den Staubblättern umgeben werden.

BUSCH-WINDRÖSCHEN

Ein Frühaufsteher

Anemone nemorosa
Hahnenfußgewächse *(Ranunculaceae)*

Geklont
Der Wurzelstock verläuft waagrecht im Boden und verzweigt sich. So entstehen natürliche Klone, zu denen über hundert Stängel gehören können.

Ein Blütenteppich auf dem Waldboden

Noch bevor das Laub der Bäume erscheint, öffnet das Busch-Windröschen seine Blüten. Als waldbewohnender Frühblüher nutzt die Pflanze die kurze Zeit nach dem Winter mit genügend Licht und Wärme, um zu wachsen und Samen zu bilden. Sobald es schattig auf dem Waldboden wird, vergilben die Blätter und man sieht für den Rest des Jahres nichts mehr von der Pflanze. Erst im nächsten Jahr treibt der Wurzelstock wieder aus. Die Pflanze ist eine von verschiedenen Frühblühern in unseren Wäldern. Andere Arten sind etwa das Leberblümchen (*Hepatica nobilis*) oder die Gewöhnliche Schlüsselblume (*Primula elatior*).

WUCHSFORM Staude • **HÖHE** 10–25 cm • **BLÜTEZEIT** März–Mai • **BLÜTEN** einzeln, weiß, bis zu 4 cm breit • **BLÄTTER** zu dritt am Stängel, dreiteilig mit breit-lanzettlichen Teilblättern • **VORKOMMEN** Laubwälder, Gebüsche, Waldränder

ECHTES LUNGENKRAUT

Eine Ampel

Pulmonaria officinalis
Borretschgewächse *(Boraginaceae)*

Sehr begehrt
Ameisen schätzen die fettreichen Anhänge der Samen. Sie schleppen sie samt Samenkorn ins Nest und helfen so bei der Verbreitung.

Bereits im März kann man das Echte (auch: Gefleckte) Lungenkraut in Laubwäldern blühen sehen. Die Blüten vollziehen einen interessanten Farbwechsel: Zunächst sind sie rot-purpurn, nach drei bis vier Tagen wechseln sie zu Violett bis Blau. Nur die frischen rot-purpurnen Blüten sind nektarreich – der Farbwechsel signalisiert den Bestäubern, welche Blüten sie besuchen sollen. Bestäuber sind Wildbienen und Falter mit einem genügend langen Saugrüssel, die in der engen Kronröhre an den Nektar gelangen. In der Volksmedizin werden die Inhaltsstoffe gegen Erkrankungen der Atemwege benutzt.

Die Blüten zeigen unterschiedliche Farben.

WUCHSFORM Staude • **HÖHE** 10–30 cm • **BLÜTEZEIT** März–Mai • **BLÜTEN** schmal-glockenförmig, rosa bis blau, 12–25 mm lang • **BLÄTTER** gefleckt, rau, Grundblätter lang gestielt, Stängelblätter sitzend und 2–8 cm lang • **VORKOMMEN** Laubwälder, Auwälder, Gebüsche, Parks

Die Blätter des Echten Lungenkrauts weisen helle **FLECKEN** auf. Möglicherweise ist das eine Tarnung, um Pflanzenfresser fernzuhalten.

Der Wiesen-Salbei ist fest im Boden verankert. Seine **PFAHLWURZEL** reicht bis in einen Meter Tiefe.

WIESEN-SALBEI

Klassische Lippenblume

Salvia pratensis
Lippenblütengewächse *(Lamiaceae)*

> **Im Blütenschlund**
> Führe einen Bleistift oder Draht vorsichtig in den Blütenschlund und beobachte, wie sich die Staubblätter herabsenken.

Die Blütenform des Wiesen-Salbei ist nicht sternförmig, sondern deutlich zweiteilig. Eine helmförmige Oberlippe biegt sich über die Unterlippe. Die beiden Staubblätter verbergen sich in der Oberlippe und werden durch ein Insekt nach unten gedrückt, sodass der Rücken mit Pollen eingepudert wird. Der Griffel mit den Narben schaut aus der Oberlippe heraus – ein mit Pollen beladenes Insekt bestäubt unweigerlich die Blüte. Wichtigste Bestäuber sind Hummeln. Der Wiesen-Salbei ist gebietsweise wegen der Intensivierung der Landwirtschaft stark zurückgegangen.

Deutlich erkennbar: die gekrümmten Staubblätter

Blüten in Kreisen

Stängel oft rötlich

WUCHSFORM Staude • **HÖHE** 30–60 cm, Stängel 4-kantig • **BLÜTEZEIT** Mai–August • **BLÜTEN** blau, 1,5–2,5 cm lang, in lang gestreckten Blütenstand • **BLÄTTER** grundständige Blätter lang gestielt, 9–20 cm lang und 2–7 cm breit • **VORKOMMEN** Halbtrockenrasen, Wegränder, Wiesen, Trockenwaldränder

ORCHIDEEN

Keine andere Pflanzenfamilie ist bei Pflanzenfreunden so beliebt wie die Orchideengewächse. Mit rund 26000 Arten weltweit sind sie die artenreichste Familie. Orchideen sind etwas Besonderes, was an ihren oft kompliziert gebauten Blüten liegt. In Deutschland kommen etwa 77 Arten wild wachsender Orchideen vor, sie sind alle geschützt.

1

Weißes Waldvöglein *(Cephalanthera damasonium)*

In lichten Laubwäldern sowie in jungen Fichtenforsten begegnet einem diese schöne Orchidee mit ihren weißen Blüten. Ungewöhnlich ist, dass die Blüten meist geschlossen bleiben und kaum Insektenbesuch stattfindet. Die Pflanze betreibt Selbstbestäubung und scheint auf externe Bestäuber zu verzichten. Die Blüten geben auch keinen Nektar ab.

2

Helm-Knabenkraut *(Orchis militaris)*

In Magerrasen, Moorwiesen und lichten Gebüschen wächst diese Orchidee, die fast einen halben Meter hoch wird. Die Blüten sind unverkennbar: Die oberen Blütenblätter bilden einen Helm, die hellrote Unterlippe hat zwei Zipfel und dunkle Flecken. Der Blütensporn ist nur Bluff – er enthält kein bisschen Nektar. Aber Hummeln fallen darauf herein und bestäuben die Blüten.

3

Sumpf-Ständelwurz
(Epipactis palustris)

In nassen Wiesen, an moorigen Stellen und Seeufern wächst diese Orchidee mit den weißen Zungen, die zur Blüte herausschauen, rote Adern aufweisen und am Rand wellenförmig gekerbt sind. Die Pflanze ist in ganz Europa verbreitet, tritt allerdings nie häufig auf. Von den elf Ständelwurzarten in Deutschland ist sie am leichtesten zu erkennen.

Violetter Dingel
(Limodorum abortivum)

Diese Orchidee ist ein Parasit auf Mykorrhiza-Pilzen. Die purpurvioletten Blüten stehen übereinander am Stängel, richtige Blätter fehlen. Lebensraum des Violetten Dingels sind Halbtrockenrasen und trockene Wälder. Die Orchidee wird bei uns zunehmend seltener und steht auf der Roten Liste. Im Mittelmeergebiet ist sie weit verbeitet.

4

5

Bocks-Riemenzunge
(Himantoglossum hircinum)

Die stattliche Orchidee bietet einen ungewöhnlichen Anblick, denn ihre Blüten tragen ein langes Band, das oft verdreht ist und nach unten baumelt. Ein Stängel bildet bis zu 60 Blüten. Die Orchidee wächst in Magerrasen, in lichtem Gebüsch und auch in ehemaligen Weinbergen. Die Blüten riechen penetrant nach Ziegenbock. Besucher sind verschiedene Wildbienen.

Grüne Waldhyazinthe
(Platanthera chlorantha)

Eine eher unauffällige Orchidee mit grünlichen Blüten. Sie wächst in Magerrasen, lichten Wäldern und Heiden. Der Blütensporn ist 3–4 cm lang und mit Nektar angefüllt, den man mit bloßem Auge erkennen kann. Die Blüten richten sich an Nachtfalter, die ihren Saugrüssel in die enge Öffnung des Blütensporns einführen können.

6

FLEISCHFRESSER

Ungewöhnlich sind die sogenannten fleischfressenden oder karnivoren Pflanzen. „Fressen“ darf dabei nicht wörtlich genommen werden, vielmehr fangen die hier vorgestellten Pflanzen Insekten und andere Kleintiere, um sie zu verdauen. Das verbessert maßgeblich die Versorgung dieser Pflanzen mit Stickstoff, denn oft wachsen sie an nährstoffarmen Standorten.

RUNDBLÄTTRIGER SONNENTAU

Verlockende Tentakel

Drosera rotundifolia
Sonnentaugewächse *(Droseraceae)*

Hilft bei Husten
Sonnentau ist auch heute noch ein wichtiger Bestandteil pflanzlicher Hustenmittel. Da er so selten ist, wird der Bedarf durch Importe gedeckt.

Sonnentau wächst vorwiegend in Hochmooren inmitten des Torfmooses oder in Torfböden feuchter Heiden. Eine saure und extrem nährstoffarme Umgebung, die für Pflanzen schwierig ist. Die Blätter tragen gestielte Drüsen, die ein klebriges Sekret absondern. Die Tröpfchen glitzern in der Sonne und locken mit ihrem Duft Insekten an. Bleibt eines daran hängen, rollt sich das Blatt langsam ein, und es wird verdaut. In der Blattmitte befinden sich Verdauungsdrüsen und nach mehreren Tagen ist das Insekt zersetzt, die Nährstoffe werden aufgenommen, und das Blatt öffnet sich wieder. Der Rundblättrige Sonnentau ist sehr selten. Alle heimischen Sonnentaugewächse stehen unter Naturschutz.

Sonnentau wächst vornehmlich in saisonal feuchten, manchmal auch dauernassen Gebieten.

lang gestielte Blätter in Rosetten

WUCHSFORM Staude • **HÖHE** 7–20 cm • **BLÜTEZEIT** Juli–August • **BLÜTEN** weiß, mit 5 Kronblättern, 3–7 mm breit, in Gruppen an hohem Stängel • **BLÄTTER** alle am Grund, rundlich, lang gestielt, Blattfläche mit roten Stieldrüsen • **VORKOMMEN** Hochmoore, Zwischenmoore, feuchte Heiden, Quellen

Nur die lang gestielten Drüsen am Rand des Rundblättrigen Sonnentaus, die **TENTAKEL**, sondern das klebrige Sekret ab

Die ganze Pflanze ist von **DRÜSENHAAREN** besetzt. Diese wirken als Schutz vor kleinen Pflanzenfressern.

GEWÖHNLICHES FETTKRAUT

Fliegenpapier als Blätter

Pinguicula vulgaris
Wasserschlauchgewächse *(Lentibulariaceae)*

Gerinnungsmittel
Früher wurden die Blätter dieser Blume wegen des hohen Gehalts an Labenzym zum Eindicken von Milch genutzt.

Das Gewöhnliche Fettkraut ist selten.

Fettkraut fängt kleine Insekten und andere Gliedertiere mit den Blättern, auf denen sich zweierlei Sorten von Drüsen befinden. Kurz gestielte Drüsen geben ein klebriges Sekret ab, während ungestielte Drüsen einen enzymhaltigen Verdauungssaft ausscheiden und die Zersetzungsprodukte aufnehmen. Die Blattränder rollen sich nach innen, um die Beute besser zu verdauen. Auch angewehter Blütenstaub kann zersetzt und verwertet werden, denn Pollenkörner sind eine reiche Proteinquelle für das Fettkraut. Die Pflanze benötigt einen feuchten Standort, damit die Blätter nicht austrocknen. Weltweit gibt es mehr als 100 Arten von *Pinguicula*. Die meisten davon wachsen in Mittelamerika.

WUCHSFORM Staude • **HÖHE** 5–15 cm • **BLÜTEZEIT** Mai–Juni • **BLÜTEN** blauviolett mit weißem Fleck, 1–2,5 cm lang, rachenförmig, mit Nektarsporn • **BLÄTTER** in einer Rosette, gelbgrün, ganzrandig, oberseits klebrig, glänzend • **VORKOMMEN** Niedermoore, Quellmoore, Rieselfluren, nasse Gräben

GEWÖHNLICHER WASSERSCHLAUCH

Winzige Saugfallenn

Utricularia vulgaris
Wasserschlauchgewächse *(Lentibulariaceae)*

Klappe zu!
Das Einschnappen der Klappe geschieht in sehr kurzer Zeit – der Vorgang gehört zu den schnellsten Bewegungen im Pflanzenreich.

Von dieser Wasserpflanze bekommt man meist nur die gelben Blüten über dem Wasser zu sehen. Die frei im Wasser schwimmende Pflanze fängt Wasserflöhe, Rädertierchen und andere Kleintiere im Wasser. Die Fangblasen der Blätter sind durch eine Klappe verschlossen, auf der Borstenhaare sitzen, innen herrscht Unterdruck. Berührt etwa ein Wasserfloh die Borsten, öffnet sich die Klappe blitzschnell und die Beute wird eingesogen. Die Klappe schließt sich prompt wieder, und das Tier wird verdaut. Ein einzelnes Exemplar des Wasserschlauchs kann mehrere 1000 Fangblasen bilden.

Blütenstand

Zur Blütezeit ist die frei im Wasser schwimmende Pflanze gut zu sehen.

WUCHSFORM Wasserpflanze • **HÖHE** 15–35 cm, Sprosse im Wasser 1–3 m lang • **BLÜTEZEIT** Juni–August • **BLÜTEN** goldgelb, 13–30 mm lang, in Trauben über dem Wasser • **BLÄTTER** 2–8 cm lang, fein zerteilt, mit 10–200 Fangblasen, diese 1–4 mm lang • **VORKOMMEN** stehende oder langsam fließende Gewässer

Manchmal geraten auch Tiere in die **SAUGFALLEN**, die für die Pflanze viel zu groß sind, wie diese Larve einer Kleinlibelle.

FÜR INSEKTEN BESONDERS WERTVOLL

So manche Pflanzenart ist für Insekten ein Segen, weil zahlreiche verschiedene Arten von ihr leben können oder weil sie die Lebensgrundlage für spezialisierte Insekten darstellt. Viele Wildbienen und Schmetterlinge hängen von bestimmten Futterpflanzen ab. Die Pflanzen ernähren entweder die Raupen dieser Schmetterlinge, oder sie bieten den blütenbesuchenden Insekten Nektar und Pollen.

1

Acker-Kratzdistel *(Cirsium arvense)*

Die lila Blütenköpfchen locken zahlreiche Insekten an, die sich an dem leicht zugänglichen Nektar bedienen. Zu ihnen gehören tagaktive Schmetterlinge, aber auch Bienen, Fliegen, Käfer und Wespen. Insgesamt hat man 120 verschiedene Insektenarten festgestellt. Die Pflanze ist an Acker- und Wegrändern, auf Weiden und Waldschlägen häufig.

2

Große Brennnessel *(Urtica dioica)*

Die Blüten der Brennnessel werden vom Wind bestäubt und nützen den Insekten nichts. Die Pflanze ist aber eine wichtige Futterpflanze für Schmetterlinge. So fressen die Raupen des Admirals *(Vanessa atalanta)* in Mitteleuropa ausschließlich die Blätter der Großen Brennnessel. Auch das Tagpfauenauge *(Inachis io)* und der Kleine Fuchs *(Aglais urticae)* sind von der Pflanze abhängig.

3

Wilde Möhre
(Daucus carota)

Die großen Blütendolden wirken auf viele Insekten anziehend, besonders häufige Besucher sind Käfer und Fliegen. Für zwei Arten von Wildbienen (die Sandbienen *Andrena pallitarsis* und *Andrena nitidiuscula*) ist die Wilde Möhre die wichtigste Pollenquelle. Die Pflanze kommt an Wiesen- und Wegrändern sehr häufig vor.

Zypressen-Wolfsmilch
(Euphorbia cyparissias)

Trotz des giftigen Milchsafts ist diese Wolfsmilchart die wichtigste Futterpflanze für den prächtigen Wolfsmilchschwärmer *(Hyles euphorbiae)*, dessen auffallend gefärbte Raupen an den Blättern fressen. Die gelbgrünen Blüten geben reichlich Nektar ab und ziehen besonders Schwebfliegen an.

4

5

Gewöhnlicher Hornklee
(Lotus corniculatus)

Die gelben Schmetterlingsblüten des Gewöhnlichen Hornklees zeigen sich in Wiesen, Magerrasen und an trockenen Waldrändern. Sie sind eine wichtige Pollenquelle für etwa 60 Wildbienenarten. Zudem stellt die Pflanze Nahrung für die Raupen von mehr als zehn Schmetterlingsarten dar, darunter das auf Hornklee spezialisierte Sechsfleckwidderchen *(Zygaena filipendulae)*.

Echtes Mädesüß
(Platanthera chlorantha)

In nassen Wiesen und im Uferbereich wächst diese stattliche, über einen Meter hohe Staude. Die weißen Blüten duften intensiv und wirken auf Insekten aller Art anziehend. Wichtiger ist die Bedeutung des Echten Mädesüß als Futterpflanze für die Raupen des Mädesüß-Perlmuttfalters (*Brenthis ino*), ein orangefarbener Falter, der in vielen Gegenden selten geworden ist.

6

IM WASSER UND AN DER KÜSTE

Das nasse Element fordert eine ganz andere Bauweise von einer Pflanze als das trockene Land. Manche Wasserpflanzen leben vollkommen untergetaucht, andere stehen im Wasser, aber ihre Stängel und Blüten ragen heraus. An den Küsten hingegen finden wir viele Pflanzen, die salztolerant sind.

SCHWANENBLUME

Ein Juwel am Fluss

Butomus umbellatus
Schwanenblumengewächse *(Butomaceae)*

Stärkehaltig
In manchen Gegenden Asiens gilt die Schwanenblume wegen ihres stärkehaltigen Wurzelstocks auch als eine Nahrungsquelle.

Eine blühende Schwanenblume ist kein alltäglicher Anblick. Am ehesten findet man das prächtige, aber seltene Gewächs in den Stromtälern des Tieflandes. Meist wachsen nur ein paar wenige Pflanzen an einem Ort. Die Schwanenblume ist an schwankende Wasserstände angepasst und bildet bei großer Wassertiefe spezielle Blätter aus: bandförmige Unterwasserblätter. Die Blüten riechen angenehm und geben reichlich Nektar ab, was Fliegen, Bienen und Hummeln anlockt. Das Verbreitungsgebiet reicht von Europa bis weit nach Asien.

Die Schwanenblume wächst an Ufern.

Blüten an langen Stielen

Stängel ohne Blätter

WUCHSFORM mehrjährige Sumpfpflanze • **HÖHE** 50–150 cm, Stängel 4-kantig • **BLÜTEZEIT** Juni–August • **BLÜTEN** rötlichweiß, mit dunklen Adern, 2–3 cm breit, in Dolden • **BLÄTTER** grundständig, schwertförmig, 50–110 cm lang • **VORKOMMEN** Uferröhricht stehender oder langsam fließender Gewässer

Ein typisches Erkennungsmerkmal der **SCHWANENBLUME** sind die lang gestielten Blüten in einer Dolde.

WEISSE SEEROSE

Monets Lieblingsblume

Nymphaea alba
Seerosengewächse *(Nymphaeaceae)*

Die Seerosenbilder des französischen Malers Claude Monet sind weltberühmt, und keine anderen Pflanze prägt einen Teich so sehr wie die Seerose. Die glänzenden Schwimmblätter und die großen Blüten verleihen ihr etwas Exotisches. Die Weiße Seerose wächst in ein bis drei Meter tiefem Wasser – entsprechend lang sind die Blatt- und Blütenstiele. Ein luftiges Gewebe verleiht ihnen den notwendigen Auftrieb. Nach dem Blühen zieht der Stiel die Blüte ins Wasser, und die Frucht entwickelt sich unter Wasser. Sie löst sich als Ganzes von der Pflanze, zerfällt und gibt die Samen frei.

Früchte und Samen

Biologen haben in Spanien gezeigt, dass die Europäische Sumpfschildkröte an den Früchten frisst und auch die Samen verbreitet.

Samen der Weißen Seerose

WUCHSFORM Wasserpflanze • **HÖHE** 50–250 cm (inkl. Blattstiele) • **BLÜTEZEIT** Juni–August • **BLÜTEN** weiß, 8–12 cm breit, einzeln auf dem Wasser • **BLÄTTER** Schwimmblätter, Spreite oval bis rundlich, herzförmig eingeschnitten • **VORKOMMEN** Teiche, Seen, Altwasser, stehende und langsam fließende Gewässer

Typisch für die Blätter der Weißen Seerose ist der **LOTUS-EFFEKT**: Eine Wachsschicht lässt Wassertropfen abperlen.

Die Blüten des Gewöhnlichen Pfeilkrauts haben sechs **KRONBLÄTTER**: drei große weiße und drei kleinere dunkle.

GEWÖHNLICHES PFEILKRAUT

Blätter nach Maß

Sagittaria sagittifolia
Froschlöffelgewächse *(Alismataceae)*

Diese Wasserpflanze wächst von seichtem Wasser bis zu zwei Meter Tiefe und bildet drei verschiedene Arten von Blättern. Die Unterwasserblätter sind schmale Bänder ohne Stiel, die im Wasser fluten. Die Schwimmblätter sind meist oval – die aus dem Wasser ragenden Blätter bilden pfeilförmige Blattspreiten. Die weißen Blüten stehen in Gruppen an einem eigenen Stängel, der aus dem Wasser ragt. Die Pflanze vermehrt sich auch durch Knollen, die an Ausläufern entstehen und leicht abbrechen. In China dienen diese als ein Gemüse, daher wird Pfeilkraut auch angebaut.

Kompasspflanze
Man sagt, dass die beiden nach hinten gerichteten Blattzipfel an sonnigen Standorten nach Norden weisen – Pfeilkraut als Kompasspflanze.

Blätter pfeilförmig

drei weiße Kronblätter

WUCHSFORM Sumpfpflanze • **HÖHE** 20–100 cm, Stängel 4-kantig • **BLÜTEZEIT** Juni–August • **BLÜTEN** weiß mit purpurrotem Fleck, 1,5–2 cm breit • **BLÄTTER** über dem Wasser tief pfeilförmig, Blattzipfel bis zu 10 cm lang • **VORKOMMEN** Uferröhricht stehender oder langsam fließender Gewässer

FLUTENDER WASSERHAHNENFUSS

Blühende Flüsse

Ranunculus fluitans
Hahnenfußgewächse *(Ranunculaceae)*

Standfest
Der Flutende Wasserhahnenfuß ist fest im Grund verankert, damit die Pflanze der Strömung standhält. Die Stängel bewurzeln sich leicht.

Mancher Bach oder kleiner Fluss bekommt im Sommer ein weißes Kleid: Dann blüht der Flutende Wasserhahnenfuß. Er braucht schnell strömendes, sauerstoffreiches und kühles Wasser, und er tritt mitunter massenhaft auf. Für den Lebensraum Fließgewässer ist der Flutende Wasserhahnfuß wichtig, denn er bildet Sauerstoff und bietet Fischen einen Laichplatz. Die Blüten wirken besonders auf Schwebfliegen anziehend. Werden bei starker Strömung Teile der Stängel abgerissen, können sie sich wieder bewurzeln. Die meisten Wasserpflanzen wachsen in ruhigen Gewässern, der Flutende Wasserhahnenfuß ist eine Ausnahme.

Massenvorkommen des Flutenden Hahnenfußes

WUCHSFORM Wasserpflanze • **LÄNGE** 50–600 cm • **BLÜTEZEIT** Juni–August • **BLÜTEN** weiß und gelb, 1–2 cm breit • **BLÄTTER** Unterwasserblätter, fein pinselartig in lange Fäden zerteilt, 5–20 cm lang • **VORKOMMEN** rasch fließende Gewässer

Die Ausbreitung des Flutenden Hahnenfußes geschieht auch durch **WASSERVÖGEL**, die lose Stängelstücke verschleppen.

Das ist ein **WURZELREKORD**: In England hat man eine über 5 m lange Pfahlwurzel gefunden.

STRANDDISTEL

Seltene Naturschönheit

Eryngium maritimum
Doldengewächse *(Apiaceae)*

Sammeln und Verbiss
An den deutschen Küsten ist die Pflanze wegen übermäßigen Sammelns und wegen des Verbisses durch verwilderte Kaninchen selten geworden.

Mit den blauvioletten Blüten und bläulich angehauchten Blättern ist die Stranddistel eine auffallende Erscheinung, die sehr selten geworden ist. Die steifen Blätter weisen einen Wachsüberzug auf, der die Pflanze vor Austrocknung und Schäden durch Flugsand schützt. Stranddisteln sind Dünenbewohner, die an den Mittelmeer- und Atlantikküsten Europas vorkommen – in Deutschland an der Nord- und Ostsee. Eine kräftige Pfahlwurzel von ein bis zwei Meter Länge verankert die Stranddistel im Sand. Damit gelangt sie an Wasser in tieferen Bodenschichten, denn eine Düne ist ziemlich trocken.

Stranddisteln wachsen im Sand.

rundliche Dolden

Blätter steif und stachelig

WUCHSFORM Zweijährige oder Mehrjährige • **HÖHE** 20–60 cm • **BLÜTEZEIT** Juni–August • **BLÜTEN** violett, klein, in Köpfchen, diese 2–3 cm breit, umgeben von stacheligen Hüllblättern • **BLÄTTER** blassgrün bis bläulich, steif, stachelig, bis zu 10 cm lang • **VORKOMMEN** Dünen der Nord- und Ostsee

GEWÖHNLICHER STRANDFLIEDER

Das Lila in der Salzwiese

Limonium vulgare
Bleiwurzgewächse *(Plumbaginaceae)*

Mit dem Echten Flieder hat der Strandflieder nur die Blütenfarbe gemein. Strandflieder wächst in den Salzwiesen und Marschen der Küste, vor allem der Nordsee. Er heißt auch Meerlavendel oder Halligflieder, weil er auf den Halligen häufig vorkommt. Im Sommer überzieht er den Lebensraum mit Tausenden lila-violetten Blüten. Die Pflanze ist bestens an salzige Böden angepasst: Überschüssiges Salz wird durch besondere Drüsen auf den Blättern ausgeschieden, was eine Salzanreicherung in der Pflanze verhindert. Zeitweiliges Überfluten macht dem Strandflieder nichts aus.

Trockensträuße

Die Blütenstände sind für Trockensträuße beliebt, weil sie sich lange halten. Übermäßiges Sammeln setzte der Pflanze arg zu.

Strandflieder in einer Salzwiese

WUCHSFORM Staude • **HÖHE** 20–50 cm • **BLÜTEZEIT** August–September • **BLÜTEN** blauviolett, trichterförmig, ca. 8 mm lang • **BLÄTTER** 10–15 cm lang, ganzrandig • **VORKOMMEN** Salzwiesen, Küstendämme

Die **RAUPEN** des seltenen Salzwiesen-Kleinspanners *(Scopula emutaria)* ernähren sich ausschließlich vom Strandflieder.

Als Erstbesiedler offener Schlickstellen des Watts ist der Queller eine **PIONIERPFLANZE** und wird auch zur Landgewinnung ausgesät.

EUROPÄISCHER QUELLER

Die Wattpflanze

Salicornia europaea
Gänsefußgewächse *(Chenopodiaceae)*

Aus der Nähe betrachtet gleicht der Queller fast einem verzweigten Kaktus, denn seine Stängel sind dick und fleischig oder sukkulent. Sie bestehen aus deutlich erkennbaren Segmenten. Der Queller ist überaus salztolerant und steht bei Flut unter Wasser. Er nimmt ständig Salz auf, die interne Konzentration erhöht sich, bis es zu viel wird und die Pflanze eingeht. Im Herbst verfärbt sich der Queller rötlich, was den Beginn des Absterbens der Pflanze anzeigt. Die jungen Triebspitzen lassen sich als Wildgemüse essen, darauf verweisen auch regional übliche Bezeichnungen wie Friesenspargel oder Meeresbohnen.

Tradition und Handwerk

Früher fand die salzhaltige Asche des Quellers in der Glasherstellung Verwendung, da sie den Schmelzpunkt der Glasmasse herabsetzt.

Der Queller wird regelmäßig überflutet.

WUCHSFORM Einjährige • **HÖHE** 5–30 cm • **BLÜTEZEIT** August–Oktober • **BLÜTEN** unscheinbar, eingesenkt an den Zweigenden • **BLÄTTER** richtige Blätter fehlen, stattdessen häutige Blattscheiden • **VORKOMMEN** Wattenmeer, Salzstellen im Binnenland

ERFOLGREICHE NEUBÜRGER

Verwilderte gebietsfremde Arten gibt es heutzutage fast überall, eine Folge des immensen Artenaustauschs zwischen allen Kontinenten. Die meisten der verwilderten Pflanzen aus anderen Ländern kamen ursprünglich als Zierpflanzen zu uns und machten sich dann selbstständig. Wenn solche Arten sich stark vermehren und überhandnehmen, kann dies einen Lebensraum stark beeinträchtigen.

1

Kanadische Goldrute *(Solidago canadensis)*

Die hohen Stängel mit den vielen gelben Blütenköpfchen treten an Wegrändern und auf Brachland mitunter massenhaft auf. Die Pflanze kam bereits im 17. Jh. nach London und wurde zunächst als exotische Neuheit aus den Kolonien in botanischen Gärten kultiviert. Sie verwilderte bald und ist heute in ganz Mittel- und Osteuropa häufig geworden.

2

Drüsiges Springkraut *(Impatiens glandulifera)*

Das Drüsige Springkraut ist eine einjährige Pflanze, die über 2 m hoch wird. Es stammt aus dem Himalaya und wurde als Zierpflanze eingeführt. Heute ist es im Uferbereich, an feuchten Waldrändern und Waldschlägen häufig anzutreffen. Die Fruchtkapseln platzen bei Berührung auf, und die Samen werden mehrere Meter weit weggeschleudert.

3

Gewöhnlicher Stechapfel
(Datura stramonium)

Diese südamerikanische Pflanze hat auffallend große weiße Trichterblüten. Die einjährige Pflanze ist selten und wächst an Weg- und Ackerrändern sowie auf Schuttplätzen. Sie kam bereits Ende des 16. Jh. nach Europa. Die stacheligen Fruchtkapseln enthalten Dutzende kleiner Samen. Der Gewöhnliche Stechapfel ist giftig.

Vielblättrige Lupine
(Lupinus polyphyllus)

Eine prächtige Staude aus Nordamerika, die gelegentlich an Waldrändern sowie in Waldschlägen verwildert anzutreffen ist. Als Wildfutter und zur Bodenfestigung wurde sie auch ausgesät. Ihr Eindringen in Magerrasen ist hingegen problematisch, da empfindliche und seltene Arten verdrängt werden.

4

5

Topinambur
(Helianthus tuberosus)

Auch die Heimat dieser hochwüchsigen Staude ist Nordamerika; der Name leitet sich vom indigenen Volk der Tupinambá in Kanada ab. Die Knollen der Pflanze enthalten Inulin und sind essbar. Sie wird seit dem 17. Jh. als Zier- und Gemüsepflanze kultiviert. Die Pflanze verwildert leicht und breitet sich zunehmend entlang von Flüssen aus.

Riesen-Bärenklau
(Heracleum mantegazzianum)

Bis zu 3 m hoch kann der Riesen-Bärenklau werden, seine Blütendolden erreichen einen halben Meter Durchmesser. Die Pflanze stammt aus dem Kaukasus und hat sich in den letzten Jahren stark ausgebreitet. Im Uferbereich von Fließgewässern verdrängt sie andere Arten. Nach Kontakt mit dem Stängelsaft können sich unangenehme Brandblasen bilden.

6

GIPFELSTÜRMER

In den Bergen begegnen uns ganz andere Pflanzen als im Tiefland. Das harsche Klima und die intensive Sonne stellen besondere Herausforderungen an alle, die hier leben. Bei den Pflanzen haben sich auch Lebensformen wie Polsterpflanzen herausgebildet, die im Tiefland fehlen. Sie sind eine Anpassung an die extremen Bedingungen.

In Deutschland ist das Alpen-Edelweiß sehr **SELTEN** geworden und gilt als eine stark gefährdete Art.

ALPEN-EDELWEISS

Die berühmteste Alpenpflanze

Leontopodium nivale
Korbblütengewächse *(Asteraceae)*

Nicht nur in den Alpen
In Asien gibt es rund 60 verschiedene Edelweiß-arten. Allein in den Gebirgen Chinas sind es 37 Stück.

Dicht eingepackt in einen weißen Filz, so zeigt sich das Alpen-Edelweiß zwischen Steinen. Die Haare sind Verdunstungs-, Kälte- und Sonnenschutz zugleich. Sie verhindern Schäden im Blattgewebe durch UV-Strahlung. Die Blütenköpfchen sind klein und stehen in Gruppen beisammen, sie werden von weißfilzigen Hochblättern umgeben. Alle zusammen so formen die berühmten Sterne des Edelweiß. Die Gattung *Leontopodium* ist in den Alpen nur mit dieser einen Art vertreten. Sie ging aus einer Art hervor, die während der Eiszeiten aus den zentralasiatischen Gebirgen in die Alpen eingewandert ist.

WUCHSFORM Staude • **HÖHE** 5–20 cm • **BLÜTEZEIT** Juli–September • **BLÜTEN** in ca. 5 mm breiten Köpfchen, diese in Gruppen von 5–10, von weißfilzigen Hochblättern umgeben • **BLÄTTER** filzig, lanzettlich, bis zu 5 cm lang • **VORKOMMEN** steinige Rasen, Felsspalten, meist auf Kalk

SILBERDISTEL

Wetterfühlige Sterne

Carlina acaulis
Korbblütengewächse *(Asteraceae)*

Die Blütenköpfchen der Silber- oder Wetterdistel fallen sofort auf. Die Hüllbätter reflektieren UV-Strahlung und werden so von Bienen wahrgenommen. Sie reagieren auch auf Feuchtigkeit, indem sie sich einwärts krümmen. Nur bei Sonnenschein öffnen sich die Blütenköpfe vollständig. Die Pflanze ist an Trockenheit angepasst, denn sie bildet eine Pfahlwurzel, die bis zu einem Meter tief in den Boden reicht. Die Samen werden durch vorbeistreifende Tiere verschleppt. Mit der Zeit lösen sich die Körbchen von der Pflanze und rollen durch den Wind umher. Dadurch werden die verbliebenen Samen verstreut.

Ganz aufrichtig

Mehrmaliges Anhauchen der Hüllblätter der Silberdistel kann bereits die Aufrichtbewegung der Pflanze auslösen.

Ein geschlossenes Blütenköpfchen

WUCHSFORM Staude • **HÖHE** 3–60 cm • **BLÜTEZEIT** Juli–September • **BLÜTEN** in Köpfchen von 4–7 cm Durchmesser, umgeben von silberweißen Hüllblättern • **BLÄTTER** stark eingeschnitten und dornig, 8–30 cm lang • **VORKOMMEN** Magerrasen, lichte Wälder, steinige Weiden

Die **HÜLLBLÄTTER** der Silberdistel sind zur Blütezeit abgestorben und bleiben deswegen lange erhalten.

STEINBRECH ist eine artenreiche Gattung: Weltweit gibt es mehr als 400 verschiedene Arten davon.

TRAUBEN-STEINBRECH

Der Kalkfresser

Saxifraga paniculata
Steinbrechgewächse *(Saxifragaceae)*

Von den 19 heimischen Steinbrecharten gehört der Trauben-Steinbrech zu den häufigeren. Er bevorzugt kalkhaltige Böden und scheidet mittels besonderer Drüsen kalkreiches Wasser aus, um den internen Kalkgehalt nicht zu hoch werden zu lassen. Diese Drüsen befinden sich am Rande der Blätter in den Winkeln der Blattzähne. Der Kalk bleibt als weiße Schüppchen dazwischen zurück. Der Trauben-Steinbrech ist eine arktisch-alpine Art, denn außer in den Alpen wächst er auch im hohen Norden; dort allerdings in tieferen Lagen.

Heilmittel?
Im Mittelalter galten Steinbrecharten gemäß der Signaturenlehre als Heilmittel gegen Blasensteine, weil sie zwischen Steinen wachsen.

Die Rosetten überziehen ganze Felsblöcke.

WUCHSFORM Staude • **HÖHE** 15–30 cm • **BLÜTEZEIT** Mai–Juli • **BLÜTEN** weiß, innen gelb, oft mit roten Punkten, 8–15 mm breit • **BLÄTTER** zungenförmig, Rand gezähnt, 3–5 cm lang, in Rosette • **VORKOMMEN** Felsspalten, steinige Rasen, Geröll höherer Lagen, auf Kalk

Die **WURZEL** des Kiesel-Glocken-Enzians enthält Bitterstoffe und wurde früher in Italien zur Schnapsherstellung genutzt.

KIESEL-GLOCKEN-ENZIAN

Blau blüht der Enzian

Gentiana acaulis
Enziangewächse *(Gentianaceae)*

Wegen seiner großen Blüten gehört dieser Enzian zu den schönsten der Alpenpflanzen. Er wächst auf kalkarmen Böden, während der sehr ähnliche Kalk-Glocken-Enzian *(Gentiana clusii)* Kalkböden bevorzugt. Beide Arten bilden große Trichterblüten, die von Hummeln und Faltern besucht werden. Manche Hummeln beißen die Blüten von außen auf und begehen anschließend Nektarraub. Bei nassem und trübem Wetter schließen sich die Blüten; der Vorgang wird durch die Temperatur und mechanische Reize wie Regentropfen ausgelöst. In den Zentralalpen findet man diesen Enzian bis in Höhen von 3000 Metern.

Berühre mich

Die Kronblattzipfel offener Blüten des Kiesel-Glocken-Enzians reagieren auf wiederholte Berührung und neigen sich nach innen. Probier es aus!

Schon von Weitem fällt der Enzian auf.

grüne Flecken innen

WUCHSFORM Staude • **HÖHE** 5–15 cm • **BLÜTEZEIT** Juni–August • **BLÜTEN** blau, trichterförmig, 5–6 cm lang, innen mit olivgrünen Flecken • **BLÄTTER** elliptisch bis eiförmig, 4–15 cm lang, in Rosette • **VORKOMMEN** alpine Rasen, felsige Stellen

STÄNGELLOSES LEIMKRAUT

Rosarote Polster

Silene acaulis
Nelkengewächse *(Caryophyllaceae)*

Guter Schutz
Die Polster sind beliebte Aufenthaltsorte für allerhand Kleingetier, das sich darin versteckt und vor harschem Wetter geschützt ist.

Dies ist eine klassische Polsterpflanze – eine für Hochgebirgspflanzen typische Wuchsform. Ein Polster besteht aus einer einzelnen Pflanze, die mit einer starken Wurzel im Boden oder Fels verankert ist und oben dicht verzweigte Ästchen bildet. So erscheint es uns, als wäre ein Polster aus vielen kleinen Pflanzen zusammengesetzt. Das Stängellose Leimkraut wächst langsam, ein einzelnes Polster wird bis zu 100 Jahre alt. In den deutschen Alpen kommt die Pflanze bis etwa 2600 Meter Höhe vor, in den Schweizer Alpen bis 3600 Meter. Sie wächst auch in der Arktis.

In einer Felsspalte verankertes Polster

WUCHSFORM Polsterpflanze • **HÖHE** 1–4 cm • **BLÜTEZEIT** Juni–September • **BLÜTEN** dunkel- bis blassrot, 6–14 mm lang • **BLÄTTER** schmal, spitz, 5–12 mm lang • **VORKOMMEN** steinige Rasen, felsige Stellen und Geröll der Alpen

Im Inneren eines Polsters des Stängellosen Leimkrauts sammeln sich abgestorbene Blättchen an und bilden **HUMUS** für den Eigenbedarf.

DACH-HAUSWURZ

Kein Dach ohne Hauswurz

Sempervivum tectorum
Dickblattgewächse *(Crassulaceae)*

Aufgeheizt
Messungen ergaben, dass sich die Blattoberfläche bei Sonne auf bis zu 60 Grad aufheizt. Eine dicke Wachsschicht schützt das Gewebe darunter.

Die regelmäßig geformten Blattrosetten der Dach-Hauswurz beeindrucken genauso wie die Stängel mit den rosa Sternen. In den Alpen ist die Pflanze recht verbreitet und steigt bis auf 2800 Meter Höhe. Früher glaubte man, die Dach-Hauswurz würde vor Blitzschlag schützen. Deshalb pflanzten die Menschen sie auf Dächern, Mauern und Schornsteinen. Auch Karl der Große (747–814), König des Fränkischen Reichs, wies die Pächter der kaiserlichen Güter an, auf den Dächern die Dach-Hauswurz zu pflanzen. Ursprünglich kam die anspruchslose Pflanze wohl zur Festigung und Abdichtung auf die Dächer.

zahlreiche Blütenknospen

sternförmige Blüten

WUCHSFORM Staude • **HÖHE** 15–50 cm • **BLÜTEZEIT** Juli–August • **BLÜTEN** hellrot, mit 10–16 Kronblättern, diese 9–10 mm lang • **BLÄTTER** blaugrün, fleischig, zugespitzt, Rosetten 8–12 cm breit • **VORKOMMEN** Felsfluren höherer Lagen, Mauerkronen, Steingärten, Dächer

Die Blätter in
einer **ROSETTE** stehen
bei der Dach-Hauswurz
dachziegelartig
beisammen.

WILDES ALPENVEILCHEN

Farbtupfer im Wald

Cyclamen purpurascens
Primelgewächse *(Primulaceae)*

Stark giftig
Die Knolle des Wilden Alpenveilchens ist für uns stark giftig, nicht jedoch für Haus- und Wildschweine, daher auch der Volksname Saubrot.

Die stark duftenden Blüten des Wilden Alpenveilchens oder Zyklamens bieten kein bisschen Nektar. Bestäuber sind vorwiegend Hummeln, die vom Duft angelockt werden. Die Früchte öffnen sich erst im Sommer des Folgejahres nach der Blüte, um die kleinen Samen freizugeben. Diese sind mit einem Futteranhängsel für Ameisen versehen, die als Samenausbreiter agieren. Die Ameisen sammeln die Samen und bringen sie in ihr Nest. Sie beißen das Futteranhängsel ab, und das eigentliche Samenkorn liegt nun in der Erde, bereit zum Keimen. In Deutschland ist die Pflanze sehr selten.

WUCHSFORM Staude • **HÖHE** 5–15 cm • **BLÜTEZEIT** Juli–September • **BLÜTEN** rosarot, 12–15 mm lang, Kronblätter zurückgeschlagen • **BLÄTTER** nieren- bis herzförmig, oberseits dunkelgrün mit hellen Flecken, unterseits rötlich • **VORKOMMEN** Buchenmischwälder und Kiefernwälder der höheren Lagen

Die **WILDVORKOMMEN** in Deutschland beschränken sich auf den Südosten Bayerns. Andere Vorkommen gehen auf Gartenflüchtlinge zurück.

Stattliche Exemplare der Strauß-Glockenblume erreichen Wuchshöhen von 10–40 cm und bilden bis zu 200 **BLÜTEN**.

STRAUSS-GLOCKENBLUME

Außergewöhnliche Glocken

Campanula thyrsoides
Glockenblumengewächse *(Campanulaceae)*

Eng am Boden
Nach der Keimung wächst zunächst eine Blattrosette heran, die sich eng dem Boden anschmiegt, bevor der Blütenstängel in die Höhe sprießt.

Diese Glockenblume wartet mit hellgelben Blüten auf, die in einem dicht gedrängten und kolbenförmigen Blütenstand stehen. Zur Blütezeit besteht die gesamte obere Hälfte der Pflanze aus den Glocken. Sie ist eine Ausnahmeerscheinung, die sich von den anderen Glockenblumen stark unterscheidet und in Deutschland selten ist; nur in den Bayerischen Alpen kann man die Strauß-Glockenblume gelegentlich antreffen. In den Schweizer Alpen und im Jura ist sie häufiger. Die Pflanze lebt als Zwei- oder Mehrjährige und blüht nur einmal. Nach der Samenreife stirbt die ganze Pflanze ab.

Blüten zahlreich und eng zusammen

Stängel unverzweigt, kantig und vor allem unten dicht beblättert

WUCHSFORM Zwei- oder Mehrjährige • **HÖHE** 10–40 cm • **BLÜTEZEIT** Juli–August • **BLÜTEN** blassgelb, 15–25 mm lang • **BLÄTTER** lanzettlich, rauhaarig • **VORKOMMEN** alpine Rasen, felsige Stellen

GIFTPFLANZEN

Warum sind manche Pflanzenarten ausgesprochen giftig? Die giftigen Inhaltsstoffe stellen eine Abwehr gegen pflanzenfressende Tiere dar. Je nach Art sind nur die Blätter giftig, nur die Samen oder alle Teile der Pflanze. Giftpflanzen sind meist auch Heilpflanzen, denn in der richtigen Dosierung können sie hilfreich sein. In kleinen Mengen wirken die Inhaltsstoffe gegen verschiedenste Erkrankungen.

Blauer Eisenhut
(Aconitum napellus)

Eine der giftigsten Pflanzen der heimischen Flora, die man besser nicht berührt. Die giftigen Alkaloide befinden sich auch auf den Blättern. Manche Menschen reagieren mit einem Nesselausschlag auf den Kontakt. Die Pflanze wartet mit Dutzenden blauer und helmförmiger Blüten auf, die in einem großen Blütenstand untergebracht sind.

Herbst-Zeitlose
(Colchicum autumnale)

Im Herbst zieren rosarote Blüten, die einem Krokus ähnlich sehen, so manche Wiese. Die Blätter und Früchte der Pflanze erscheinen erst im Frühjahr des folgenden Jahres. Die ganze Pflanze ist stark giftig, und immer wieder werden ihre Blätter mit denen des Bär-Lauchs verwechselt. Die Herbst-Zeitlose riecht aber nicht nach Knoblauch und ist auch keine Waldpflanze wie der Bär-Lauch.

3

Roter Fingerhut
(Digitalis purpurea)

Eine prächtige Waldpflanze, bis zu 140 cm hoch, die Dutzende purpurrote Blüten trägt. Alle Teile enthalten giftige Glykoside. In geringen Mengen wirken sie herzstärkend und kreislauffördernd, daher wurden die Blätter des Roten Fingerhuts bereits im 18. Jh. arzneilich verwendet.

Maiglöckchen *(Convallaria majalis)*

Der betörende Duft der kugeligen Blüten täuscht über die Giftigkeit der Pflanze hinweg. Alle Teile des Maiglöckchens sind stark giftig. Die Blätter sehen denen des Bär-Lauchs ähnlich, riechen aber nicht nach Knoblauch. In Laubwäldern und Gebüschen bildet das Maiglöckchen dichte Gruppen. Die roten Beeren bleiben lange an den Stängeln erhalten.

4

5

Gefleckter Schierling
(Conium maculatum)

An Gräben, feuchten Weg- und Waldrändern sowie an Flüssen wächst diese überaus stark giftige Staude. Das Alkaloid wirkt ähnlich wie Curare, das die indigenen Völker Südamerikas als Pfeilgift für die Jagd nutzen. Im Mittelalter pflanzte man den Gefleckten Schierling als Schädlingsgift. In letzter Zeit hat sich die Pflanze auch entlang von Autobahnen ausgebreitet.

Weißer Germer
(Veratrum album)

Die bis zu 1,5 m hohe Staude mit grünlichen Blüten wächst vor allem auf nährstoffreichen Stellen in den Alpen wie Viehlager oder Weiden, in tieferen Lagen auch in Auwäldern. Die Blüten riechen unangenehm nach faulendem Obst. Alle Teile der Pflanze sind giftig, besonders aber der Wurzelstock. Für unerfahrenes Jungvieh kann der Weiße Germer gefährlich sein.

6

PARASITEN

Wie bei den Tieren gibt es auch bei den Pflanzen parasitische Arten. Solche Pflanzen sind nicht zur Fotosynthese fähig, weil sie kein Blattgrün besitzen. Daher sind sie auf eine Wirtspflanze oder einen Pilz angewiesen, mit dem sie sich versorgen. Ihr Erscheinungsbild ist bleich oder bräunlich. Bei den Pflanzen gibt es auch sogenannte Halbparasiten. Diese sind grün und können Fotosynthese betreiben, zapfen aber dennoch andere Pflanzen an.

FICHTENSPARGEL

Von Pilzen abhängig

Hypopitys monotropa
Erikagewächse *(Ericaceae)*

Ohne Licht

Als lichtunabhängige Pflanze vermag der Fichtenspargel auch im tiefsten Schatten zu wachsen, etwa in einem Nadelwald.

Eine bleiche und geheimnisvolle Erscheinung, die besonders in Nadelwäldern anzutreffen ist. Fichtenspargel ist ein Vollparasit, der Mykorrhiza-Pilze im Boden anzapft. Diese Pilze verbinden unterirdisch Bäume und andere Pflanzen. Sie tragen zur besseren Versorgung der Pflanzen mit Wasser und Nährstoffen bei. Im Gegenzug erhalten die Pilze organische Stoffe von den Pflanzen. Der Fichtenspargel holt sich aus dem Pilzgeflecht im Boden alles, was er zum Leben braucht, vom Wasser bis hin zu Nährsalzen und organischen Stoffen. Geben kann er nichts, denn er besitzt kein Blattgrün und kann keine Fotosynthese betreiben.

WUCHSFORM Staude • **HÖHE** 10–25 cm • **BLÜTEZEIT** Juni–Juli • **BLÜTEN** glockenförmig, gelblich, in nickendem Blütenstand • **BLÄTTER** verkümmert, kleine Schuppenblätter am Stängel • **VORKOMMEN** Nadelwälder, Nadelholzforste, selten Laubmischwälder

Die **SAMEN** des Fichtenspargels sind winzig. Ein einzelnes Samenkorn wiegt nur etwa drei Millionstel Gramm.

Früher benutzte man den Klappertopf als **HAUSMITTTEL** gegen Läuse und anderes Ungeziefer.

ZOTTIGER KLAPPERTOPF

Eine Pflanze mit zwei Seiten

Rhinanthus alectorolophus
Sommerwurzgewächse *(Orobanchaceae)*

Der Klappertopf zählt zu den Halbparasiten. Er ist grün und kann ganz normal Fotosynthese betreiben. Er parasitiert aber auch auf den Wurzeln anderer Pflanzen. Beim Zottigen Klappertopf sind dies oft Gräser. Er bezieht einen großen Teil der Kohlenstoffverbindungen vom Wirt. Die gelben Blüten werden von hellgrünen und gezähnten Hochblättern umgeben. Blütenbesucher sind Hummeln, größere Bienen und Falter. Erdhummeln betreiben Nektarraub, indem sie die Blüten seitlich aufbeißen.

Eine lange Jugend

Vom Keimen der winzigen Samen bis zur ersten Blüte verstreichen manchmal neun bis zehn Jahre.

Die Fruchtkapseln des Zottigen Klappertopfs

WUCHSFORM Einjährige • **HÖHE** 5–80 cm • **BLÜTEZEIT** Mai–September • **BLÜTEN** gelb, 18–23 mm lang, mit helmförmiger Oberlippe, zwischen gezähnten Hochblättern, Kelch zottig behaart • **BLÄTTER** lanzettlich, scharf gesägt • **VORKOMMEN** wenig gedüngte Wiesen, Halbtrockenrasen, Getreideäcker, Kleefelder

VOGEL-NESTWURZ

Leicht zu übersehen

Neottia nidus-avis
Orchideengewächse *(Orchidaceae)*

Staubfeine Samen

Wie bei den meisten Orchideen sind die Samen staubfeine Körnchen von etwa 0,2 mm Länge, die durch den Wind ausgebreitet werden.

Der Fruchtstand bleibt lange stehen.

Die Pflanze zählt zu den Orchideen, hat aber mit den bunten und exotischen Vertretern der Familie nicht viel gemein. Die Vogel-Nestwurz ist von Kopf bis Fuß bräunlich und wird leicht übersehen. Die Pflanze parasitiert wie der Fichtenspargel auf dem unterirdischen Pilzgeflecht und bezieht von ihm Wasser, Nährsalze sowie organische Stoffe. Die Blüten ziehen besonders Fliegen an und sondern eine Klebmasse ab, die dafür sorgt, dass Pollen am Blütenbesucher haften bleibt. Der Pollen selbst ist nicht sehr klebrig, im Gegensatz zu dem anderer Orchideen.

Blüten mit deutlicher Unterlippe

Stängel mit Schuppenblätter

WUCHSFORM Staude • **HÖHE** 25–50 cm • **BLÜTEZEIT** Mai–Juni • **BLÜTEN** bräunlich, nach Honig duftend • **BLÄTTER** schuppenförmig, klein, gelbbraun • **VORKOMMEN** Laubmischwälder, Kiefernmischwälder

Weil die Vogel-Nestwurz auf Pilzen parasitiert, die wiederum mit Bäumen verbunden sind, fließen auch Stoffe vom Baum zur Orchidee – alles ist **VERNETZT**.

Die **BLÜTEZEIT** stimmt mit dem Hauptsaftstrom der Wirtspflanzen überein. Das erlaubt ihr, üppige Blütenstände zu bilden.

GEWÖHNLICHE SCHUPPENWURZ

Die Geheimnisvolle

Lathraea squamaria
Sommerwurzgewächse *(Orobanchaceae)*

Die Schuppenwurz ist eine merkwürdige Erscheinung, die sich nicht jedes Jahr zeigt. Die Blüten schauen alle in eine Richtung, die ganze Pflanze ist blauviolett oder rötlich angehaucht. Sie ist ein echter Wurzelparasit, der die Wurzeln anderer Pflanzen direkt anzapft, vor allem die der Hasel und von Bäumen wie Erlen, Pappeln und Weiden. Die Blüten richten sich an Hummeln. Nach dem Keimen eines Samens verbleibt die Pflanze für ein paar Jahre nur unterirdisch und legt in dieser Zeit einen mächtigen Wurzelstock an, aus dem sie dann die Blütentriebe bildet.

Selbstbestäuber

In kühlen Jahren blüht die Gewöhnliche Schuppenwurz im Boden, die Blüten öffnen sich aber nicht und bestäuben sich selbst.

Blüten dicht beisammen

Stängel dick

WUCHSFORM Staude • **HÖHE** 10–30 cm • **BLÜTEZEIT** März–Juli • **BLÜTEN** hellviolett bis rötlich, 10–15 mm lang • **BLÄTTER** schuppenförmig, rötlich • **VORKOMMEN** feuchte Laub- und Nadelmischwälder, Auwälder

NESSEL-SEIDE

Auch: der Teufelszwirn

Cuscuta europaea
Windengewächse *(Convolvulaceae)*

Eine merkwürdige Pflanze, die weder Blätter noch Wurzeln kennt. Sie zeigt sich als hellgrüne bis rötliche Fäden, die sich um eine Wirtspflanze schlingen und ein dichtes Geflecht bilden. Die Nessel-Seide zapft die Leitungsbahnen in den Stängeln an. Wirtspflanzen sind meist Brennnesseln, aber auch Zaun-Winde, Beifuß und Hopfen. Der Parasit bezieht sämtliches Wasser und Nährstoffe aus dem Wirt. Die kleinen blassrosa Blüten entstehen in Knäueln. Nessel-Seide ist eine einjährige Pflanze. Die Keimlinge suchen durch Kreisbewegungen des immer länger werdenden Triebes nach Halt.

Kulturunkraut

Nessel-Seide ist überall auf der Welt ein landwirtschaftliches Unkraut in Kulturen wie beispielsweise Rüben und Linsen.

Nessel-Seide kann ihre Wirtspflanzen dicht umschlingen.

WUCHSFORM Einjährige • **HÖHE** 20–150 cm • **BLÜTEZEIT** Juli–September • **BLÜTEN** rötlich-weiß, wenige Millimeter breit • **VORKOMMEN** feuchtes Staudengebüsch, Waldränder, auf Brennnesseln, Hopfen, Luzerne u.a.

Die Verbindung zwischen der Nessel-Seide und der Wirtspflanze geschieht durch **SAUGORGANE** (Haustorien).

SERVICE

SERVICE

Nützliche Internet-Adressen

www.pflanzen-deutschland.de
Ein Pflanzenportal für die heimische Flora.

www.deutschlands-natur.de
Der Naturführer für Deutschland, mit Infos zu Pflanzen und Lebensräumen.

www.floraweb.de
Umfangreiche Informationen zur Flora Deutschlands.

www.wildbienen.de
Alles über Wildbienen und ihren Nahrungspflanzen.

www.bund-naturschutz.de
BUND Naturschutz in Bayern e.V.

https://naturgarten.org
NaturGarten e.v. Viele Infos zu naturnahen Gärten.

www.nabu.de
Naturschutzbund Deutschland.

Zum Weiterlesen

E. Weber (2016): **Das kleine Buch der botanischen Wunder.** 171 Seiten, C.H. Beck Verlag.

E. Weber (2018): **Die Pflanze, die gern Purzelbäume schlägt ... und andere Geschichten von Seidelbast, Walnuss & Co.** 240 Seiten, oekom Verlag.

E. Weber (2022): **Wo die wilden Pflanzen wohnen. Geschichten über Kratzdistel, Besenginster & Co.** 256 Seiten, oekom Verlag.

E. Dreyer (2022): **Die siehst du! Blumen. 115 Arten um dich herum.** 192 Seiten, KOSMOS.

F. Weiß (2021): E**infach Blumen. 100 Arten, die jeder kennen möchte.** 128 Seiten, KOSMOS.

M. Spohn (2021): **Was blüht denn da? Das Original. Über 870 Blütenpflanzen.** 496 Seiten, KOSMOS.

M. Spohn (2021): **Was blüht denn da? Der Fotoband. 550 Blütenpflanzen.** 448 Seiten, KOSMOS.

A. Klein u. J. Kromer (2023): **Das wächst in deiner Stadt. 95 Stadtpflanzen entdecken.** 140 Seiten, KOSMOS.

REGISTER

NABU
Dein Garten.
Mein Zuhause.
Mach deinen Garten
zu einer Augen- und
Bienenweide – und
zu einem Paradies
für Vögel, Igel und
Schmetterlinge.
Ideen und Tipps unter
www.NABU.de/gartenvielfalt

IMPRESSUM

Umschlaggestaltung von Gramisci Editorial Design, München, unter Verwendung eines Fotos von Claret Castell/Stocksy.

Mit 169 Farbfotos: 4 von **Adobestock** (Dirk (Außenklappe vorne), Federico (109), Ingo Bartussek (29), Mipa Photo (118 re.)), 1 von **Blickwinkel/Frank Hecker** (87 mi. re.), 1 von **Fotostudio Dominique Prokopy** (Außenklappe hinten), 62 von **Frank Hecker** (3, 5, 8, 9 o., 9 u., 10, 11 li., 14, 15 o. li., 15 u. re., 19, 20 li., 20 re., 26, 30 li., 36 o., 36 u., 37 o., 37 mi. re., 37 mi. li., 39, 40, 41 re., 42 re., 46 re., 47, 49 li., 50 li., 50 re., 52, 54 li., 55, 57 li., 67, 68 o., 69 o., 69 mi. re., 69 mi. li., 69 u., 74 li., 74 re., 76, 79, 80, 82 re., 85 li., 86 o., 86 u., 87 o., 87 mi. re., 87 u., 91, 94, 99, 101, 106 o. 106 u., 107 o., 107 mi. re., 107 mi. li., 107 u., 116), 22 von **Heiko Bellmann/Frank Hecker** (15 u. li., 21 25, 31, 35, 37 u., 51, 56, 58 alle, 59 alle, 97 o., 97 u., 98 li., 103, 104, 111, 112, 115), 3 von **Heiko Bellmann/Kosmos** (36 mi., 73, 90), 11 von **Manfred Pforr** (24, 28 li., 30 re., 34 re., 41 li., 62 li., 65 re., 66 re., 72 li., 72 re., 77), 3 von **Peter Schönfelder** (23, 81 re., 110), 1 von **Reinhard Tierfoto** (66 li.), 28 von **Roland Spohn** (27 re., 28 re., 33 re., 34 li., 42 li., 46 li., 49 re., 53 li., 53 re., 54 re., 62 re., 78 li., 78 re., 81 li., 82 li., 84, 85 re., 92 li., 92 re., 95 li., 95 re., 98 re., 100, 102, 113 re., 114 li., 114 re., 117), 31 von **shutterstock** (aabeele (70/71), Agami Photo Agency (83), Andreas Zerndl (13), arenysam (113 li., 119), Bildagentur Zoonar GmbH (96), Brenda Cameron (45 li.), by-studio (12), COULANGES (105), Digoarpi (43), Gillian Pullinger (61), Hennadii_Havrylko (48), Hesitant Pilgrim (93), Ihor Hvozdetskyi (44), Iryna Loginova (27 li.), Julia Pivovarova (118 li.), Linas T (64), luck luckyfarm (123), Maren Winter (22), michelangeloop (57 re.), Nahhana (33 li.), olko1975 (Innenklappe hinten), ON-Photography Germany (6, Umschlagrückseite), Patrick Foto (75), Przemyslaw Muszynski (68 u.), Ryzhkov Sergey (63), Salparadis (45 re.), Sandra Standbridge (11 re.), Tobias Blad-Stahl (32), V. Tarasenko (120/121), Vitolga (15 o. re.)), 2 von **Thomas Gretler** (65 li., 89). 40 Fotos der Arten und die Fotos der Arten auf den 5 Themenseiten sind außerdem auf der vorderen und hinteren Umschlagklappe innen noch einmal abgedruckt.

Gedruckt auf chlorfrei gebleichtem Papier

ISBN 978-3-440-17586-6
Projektleitung: Lisa Hummel
Grundlayout: Walter Typografik & Grafik GmbH
Layoutanpassung: Katrin Kleinschrot
Lektorat und Satz: Robert Fischer (www.vrb-muenchen.de)
Produktion: Markus Schärtlein
Druck und Bindung: Longo AG, Bozen
Printed in Italy / Imprimé en Italie

DIE BLUMEN AUF EINEN BLICK

PRACHTEXEMPLARE

Seite 36/37

Schachblume

Feuer-Lilie

ORCHIDEEN

Seite 58/59

Weißes Waldvöglein

Helm-Knabenkrau

FÜR INSEKTEN BESONDERS WERTVOLL

Seite 68/69

Acker-Kratzdistel

Große Brennnessel

ERFOLGREICHE NEUBÜRGER

Seite 86/87

Kanadische Goldrute

Drüsiges Springkrau

GIFTPFLANZEN

Seite 106/107

Blauer Eisenhut

Herbst-Zeitlose